Das große Buch der Porsche-Sondertypen und -Konstruktionen

# Technik zu Lande, zu Wasser und in der Luft

Lothar Boschen/Jürgen Barth

DAS GROSSE BUCH DER

# PORSCHE-SONDERTYPEN UND -KONSTRUKTIONEN

**von 1931 bis heute**

MOTORBUCH VERLAG STUTTGART

Einband und Schutzumschlag: Siegfried Horn

*Fotos:* Auto Zeitung, Bister, Borgeson, Christophorus (Porsche AG), Delfosse, Dols, Drehsen, Ebener, Fischer, F&S Ltd., Frankenberg, Heere, Hobby, Hunter, Klersey, Lobo-Press, Lückel, Petersen, Rusz, Schaepman, Schröder & Weise, Stephani, Turner

Unseren Eltern
im September 1983

ISBN 3-87943-805-6

2. Auflage 1985

Eine Abteilung des Buch- und Verlagshauses Paul Pietsch GmbH & Co. KG.

Satz und Druck: Rung-Druck, 7320 Göppingen.
Bindung: Franz Spiegel Buch GmbH, 7900 Ulm.
Printed in Germany.

# INHALT

# EINLEITUNG

Als Konstruktionsbüro von Professor Ferdinand Porsche 1931 in Stuttgart gegründet, ist die Firma »Porsche« von Beginn an mehr als nur ein Denkbüro für die Erstellung neuer Automobile und deren Detaillösungen.
Das Typen-Nummern-Verzeichnis des Sportwagen-Herstellers gibt einen guten Überblick über die Bandbreite der Aktivitäten von Porsche, das auch außer der eigenen Fahrzeug-Produktion (siehe: »Das große Buch der Porsche-Typen«) viel Interessantes enthält. Das reicht vom Auto Union-Grand-Prix-Wagen mit revolutionärer Technik über Panzer-Konstruktionen, Boots-Aggregaten, Flugzeug-Motoren, Traktoren bis zur Wanderer-Limousine. Die Auftragsarbeiten des Bundesministeriums für Forschung und Technologie (BMFT) erbringen Studien zum Sportwagen der Zukunft, geräuscharmen Straßenreinigungs-Maschinen, einem neuartigen Rettungswagen, durchdachtem Feuerlöschsystem und, und ...
Das Denkzentrum von Porsche in Weissach ist sich für kein Problem zu schade und keine Lösung ist zu schwierig. Hier entstanden in den letzten Jahren auch die Rennwagen, die auf allen Strecken der Welt ungezählte Siege errangen.
Doch trotz aller Bestrebungen der Firma Porsche, mit einer guten Produktpalette allen Kundenwünschen gerecht zu werden, gab es zu allen Zeiten mehr oder weniger begabte Bastler, Tuner, Ingenieure und auch Rennfahrer, die das Ursprungsprodukt eines Porsche-Serien- oder Rennwagens veränderten.
Nicht alles gelang allen gut, doch in diesem Buch wird versucht, diesen Produkten gerecht zu werden: Den bisher weniger bekannten Konstruktionen des Hauses Porsche aus den letzten 50 Jahren genauso wie den interessantesten Umbauten von Privatleuten aus aller Welt.
Es sind, gut gemischt, über 80 mobile Konstruktionen aller Art geworden, die sich in den drei Elementen Land, Wasser und Luft gleichermaßen versucht haben.
Eine Einschränkung mußte bei dem Versuch, alles zu veröffentlichen, was Porsche je auf dem Zeichenbrett hatte, gemacht werden. Dafür gibt es zwei

gute Gründe: Hinter vielen Typen-Nummern verbergen sich Detaillösungen, Versuchsanordnungen, Studien, die außerhalb eines belesenen Techniker-Kreises wenig Anklang finden würden. Zudem unterliegt Porsche aufgrund von Verträgen der Geheimhaltungspflicht bei Fremdaufträgen. Selbst aus Jahrzehnten zurückliegenden Kooperationen sind einige Firmen nicht bereit, Informationen über diese Zusammenarbeit preiszugeben.
Um aber nicht in Spekulationen zu verfallen, sind die geheimen Aktionen und weniger interessanten Konstruktionen nicht berücksichtigt worden. Die Zukunft bringt hier eventuell neue Möglichkeiten.

Lothar Boschen

# Sondertypen und Konstruktionen

## AMERICA ROADSTER *Typ 540*

Vorläufer des American Roadster benannten offenen Spyders auf der Basis des 356 war ein von Heinrich Sauter (s. S. 180) nach eigenen Ideen umgebauter, renntauglicher Porsche.

Etwa ein Jahr nach dem Sauter-Porsche, Frühjahr 1952, baute die Porsche KG den ausschließlich für den Export nach Übersee bestimmten »American Roadster«.

Die Bodenplatte entsprach der des Cabriolets, die durch weitere Verstärkungen nun auch die zu erwartenden höheren Beanspruchungen verkraften konnte. Aus demselben Grund war die Karosserie aus Aluminium gefertigt und der Innenraum betont zweckmäßig gehalten. Ohne Türverkleidungen, Steck- statt Kurbelfenster und Mager-Ausstattung wog diese erste »Renn-

**Eine Rarität: America Roadster, hier Fgst. 12.317, vom Juli 1952**

variante« eines Porsche 356 etwa 715 Kilogramm und hatte als Antriebsquelle den 1,5-l-Motor mit 70 PS eingebaut. Wurde ein American Roadster im Rennen eingesetzt, konnte bei Bedarf noch weiter abgespeckt werden. So gab es verschiedene Windschutzscheiben, leichtere Sitze, das Segeltuch-Verdeck konnte ganz ausgebaut werden und ein Lederriemen fixierte die Haube.

Zwischen Frühjahr 1952 und Winter 1953 sollen angeblich rund 20 American Roadster gebaut worden sein. Die Karosserien dazu stammten von Gläser aus Ullersricht.
Die tatsächlich gebaute Zahl ist nicht präzise festzustellen, da der Übergang vom American Roadster zum Typ 540 mit vielen Modifikationen recht fließend verlief.

**Angeblich 20 Exemplare wurden zwischen April 1952 bis Ende 1953 gebaut**

**◀ Die Höchstgeschwindigkeit für den Raodster lag bei 177 km/h**



**Die Karosserien stammen von Heuer aus Weiden (nördlich München)**

Zweigeteilte Windschutzscheibe, die auch entfernt werden konnte

Spartanisches Sport-Cockpit mit Armaturen aus dem Typ Porsche 356

1500 S-Motor mit 70 PS Leistung bei 5000/min (hier Motor-Nr. 40035)

Seit vielen Jahren gibt es in Belgien die Firma »Automobiles Apal«, spezialisiert auf die Anfertigung von Kunststoff-Replicas. Von Beginn an hat sich die Firma dabei auf die Marken Porsche und Volkswagen konzentriert, überwiegend auf den Typ 356.
So fertigte Apal auf der Basis des 356-Super-90 eine Sonderkarosse, die der des berühmten Abarth Carrera recht ähnlich sah.
Mehr Beachtung fand Ende der 70er-Jahre, als der Boom auf die älteren Porsche-Modelle begann, die 356-Speedster-Replica. Unter der recht gut »nachgemachten« Außenhaut versteckt sich weitgehend die Mechanik vom VW Käfer, wie z. B. Motor und Fahrgestell. Der »Porsche-Apal-Speedster« kostet als kompletter Bausatz, montiert, lakkiert, einschließlich Polsterung und elektrischer Anlage, allerdings ohne Chassis, rund 23.000 Mark. Als Chassis wurde ein VW Käfer-Rahmen genommen, der, exakt auf das Speedster-Maß verkürzt, den Kunststoff-Bausatz aufnehmen kann. Das wird auch mit angelieferten, gebrauchten Rahmen gemacht, oder einen durch einen Mechaniker selbergemachten. Als Motor war ein 1,6-l-VW-Triebwerk mit mindestens 50 PS eingeplant.

14 **Auf der Basis und mit der Technik des VW-Käfers entsteht bei Apal (Belgien) eine gut gearbeitete Replica des Porsche 356 Speedster**

# AUTO UNION – GRAND PRIX-WAGEN *Typ 22*

Als der damalige internationale Motorsportverband im Oktober 1932 eine neue Rennformel – gültig ab 1934 – für den GP-Sport verabschiedete, ging als einer der ersten Professor Ferdinand Porsche mit seinem Konstruktionsbüro die Arbeit an.
Für dieses Projekt wurde extra die Firma »Hochleistungs-Fahrzeugbau GmbH« gegründet, und schon im März 1933 waren die Zeichnungen zum GP-Wagen fertiggestellt. Es sollte ein Motor mit 16 Zylindern in V-Anordnung, mit 4,36 Liter Hubraum und Roots-Kompressor-Aufladung entstehen.
Bis zu diesem Zeitpunkt hatte Porsche ohne festen Auftraggeber gearbeitet, und so sah er sich nun nach Firmen um, die sein Projekt finanzieren oder übernehmen konnten. Die Verbindungen zu Wanderer, für diese Firma hatte er etwa zum selben Zeitpunkt eine Sechszylinder-Limousine entwickelt, erbrachten Porsche Kontakte zur neu gegründeten Auto Union.
Als bekannt wurde, daß auch Daimler-Benz für die neue Formel einen Rennwagen baute, nahm die Auto Union die Herausforderung an und kaufte von Porsche die »P-Wagen«-Konzeption.
Bei den Horch-Werken in Zwickau wurde eine Rennabteilung eingerichtet, und ein bis zu 130 Mann starkes Team begann mit der Arbeit an dieser ungewöhnlichen Konstruktion. Der Motor war hinter dem Fahrer eingebaut – noch vor der Hinterachse – und unter dieser verlief die Antriebswelle zum hinten angeordneten Getriebe. Zwischen Fahrersitz und Motor befand sich der Kraftstofftank mit anfänglich 170, später 210 Liter Spezialbezin. Im Wagenbug war der Öltank und Wasserkühler untergebracht, ein Ölkühler kam bald hinzu.
Mit der Sitzposition direkt hinter der Vorderachse mußten die Fahrer sich erst anfreunden. Dieses Konzept wurde so konsequent erst in den 70er-Jahren von Porsche noch einmal aufgenommen: beim Typ 908-03, wo der Fahrer fast schon über der Vorderachse saß.
Am 12. Januar 1934 präsentiert man den Auto Union-GP-Wagen erstmals einer Gruppe prominenter Leute. Hans Stuck fuhr auf der Avus problemlos einen Rundenschnitt von über 200 km/h. Zwei Monate später unternahm Hans Stuck senior auf derselben Rennstrecke einen Rekordversuch. Mit einem verlängerten, strömungsgünstigeren Heck am P-Wagen schaffte Stuck einen neuen Stunden-Weltrekord von 217,11 km/h, wobei er bis zu 300 km/h als Höchstgeschwindigkeit erreichte.
Der P-Wagen von 1934, später als »Typ A« klassifiziert, hatte einen 4,3-l-Motor, der bei einer Verdichtung von 7:1 und 4500/min knapp 295 PS entwickelte. Damit war der 16-Zylinder nicht das stärkste Triebwerk in der GP-Wagenklasse, doch setzte Professor Porsche, nicht zu unrecht, auf das gewaltige Drehmoment von 54 mkp bei nur 2700/min.

Porsches Konstruktion war ohnehin nur in wenigen Details sensationell, aber die Kombination von vielen bekannten Lösungen in diesem Grand-Prix-Monoposto machten den Wagen einzigartig. Eine Lösung, die ihrer Zeit voraus war und deshalb wieder aufgegeben wurde, war zum Beispiel die Wasserführung vom Kühler zum Motor und zurück durch die Längsrohre des Chassis!

Da damals die Zusammensetzung des Treibstoffs frei war, gab es für jede Firma eine streng geheim gehaltene Mixtur. Heute weiß man, daß die Auto Union zum Beispiel mit folgender Mischung ihre Motoren beschickte: 60% Alkohol, 20% Benzol, 10% Diäthyläther, 8% Benzin, 1,5% Toluol und Nitrobenzol sowie 0,5% Rizinusöl.

Den ersten Sieg für den Auto Union-Monoposto gab es aber nicht auf der Rundstrecke, sondern am Berg. Der Bergkönig Hans Stuck gewann an zwei aufeinanderfolgenden Sonntagen die Bergrennen in Felsberg (Saar) und Kesselberg. Den ersten großen Sieg feiert man standesgemäß: Beim GP von Deutschland, am 15. Juli 1934, gewann Hans Stuck auf dem Auto Union-Wagen (Porsche-Typ 22) aus Porsches Konstruktionsbüro.

Schon im Herbst 1934 beginnen in der Rennabteilung von Horch die Arbeiten am Typ B, dem Nachfolger des 1934 eingesetzten Typ A. Hierbei wurde der Hubraum auf 4951 $cm^3$ vergrößert, gleichzeitig die Verdichtung auf 8,95:1 angehoben. Als Leistung standen nun 375 PS bei 4800/min zur Verfügung, rund 30 Prozent mehr als beim Typ A. Obwohl der Radstand um 110 mm verlängert wurde, ist der Typ B insgesamt kürzer und auch etwas niedriger. Radikal umgebaut wurde das gesamte Kühlsystem und die Hinterachse durch Wegfall der schweren Querblattfedern im Tausch gegen Drehstäbe leichter gemacht.

Am 15. Februar 1935 testet Stuck eine speziell aerodynamisch aufgebesserte Version, den Rekordwagen »Lucca«, auf der Autobahn bei Florenz und erreicht 320,267 km/h für die fliegende Meile!

Mit sieben Siegen in großen Wettbewerben schlägt sich die Auto Union hervorragend. Dennoch wird für 1936 schon weitergedacht: der Typ C ist in Vorbereitung. Nochmals wird der Hubraum vergrößert, jetzt beträgt er 6005 $cm^3$. Die Verdichtung steigt auf 9,2:1, die Leistung auf 520 PS bei 5000/min. Sensationell ist das gewaltige Drehmoment von nunmehr 87 mkp – wohlgemerkt 1936!

In der Saison kommt kein Zweifel auf, daß der Auto Union-Rennwagen, Typ C, der leistungsfähigste und am besten vorbereitete Wagen war. Neun große Siege, sieben allein durch Bernd Rosemeyer, sind eine bestechende Bilanz. Trotzdem ging die »Aufrüstung« weiter, denn Mercedes stellte für 1937 den Typ W 125 vor, mit 5660 $cm^3$ und über 600 PS. Professor Porsche hatte dagegen den Auto Union-Wagen, Typ C, nur in wenigen Details für die zu erwartende Auseinandersetzung mit Mercedes geändert.

Das Jahr 1937 war gleichzeitig auch das Ende der »750-kg-Formel«, nach der die Rennwagen seit 1934 gefahren waren. Mercedes gewann von den zwölf wichtigsten Rennen sieben mit dem W 125, die Auto Union nur fünf. Die Stuttgarter hatten ihre Schlappe von 1936 ausgebügelt.

Mit dem Abschluß dieser Formel stieg auch Porsche aus der Auto Union-Rennabteilung aus. Die Nachfolge-Typen für die Jahre zwischen 1938 und 1940 werden von Dr. Ing. Robert Eberan von Eberhorst verantwortlich konstruiert.

Der Typ-C-Wagen war auch die Basis für einen Rekordwagen, den Bernd Rosemeyer am 25. Oktober 1937 auf über 400 km/h brachte. Der nahezu vollverkleidete Einsitzer hatte einen auf 6,33 Liter aufgebohrten Motor mit knapp 550 PS. In allen anderen Details entsprach er dem GP-Motor.

Als die Auto Union erfährt, daß Mercedes noch im Januar 1938 diese Marke überbieten will, wird in aller Eile der Rekordwagen von 1937 weiterentwikkelt. Der Motor wurde auf 6,5 Liter aufgebohrt, die Karosserie aerodynamisch optimiert. Die theoretische Geschwindigkeit lag für diese Ausführung bei 456 km/h!

Carraciola auf Mercedes fährt am frühen Morgen des 28. Januar und erreicht ein Mittel von 432,692 km/h. Rosemeyer im überarbeiteten Auto Union kontert beim »Warmfahren« mit 429 km/h. Beim folgenden Versuch kommt der Rekordwagen durch eine Bö von der Fahrbahn ab: Rosemeyer stirbt durch Genickbruch.

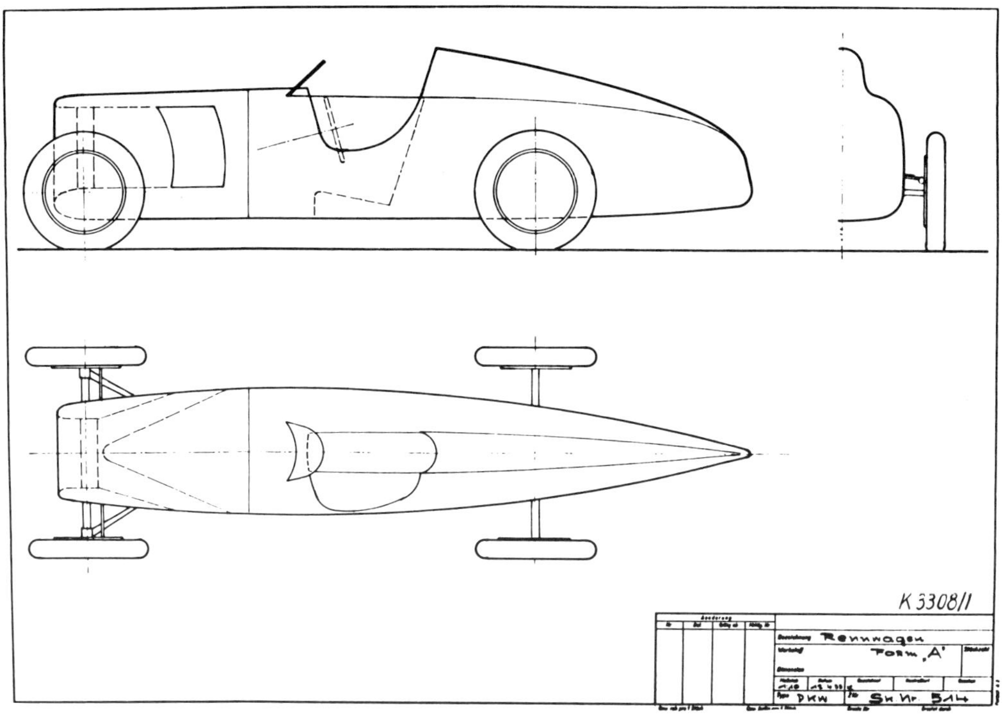


**Auto Union-Rennwagen, Typ A: 16 Zylinder, 4,3 Liter, 295 PS, über 280 km/h**

**Der Typ C von 1936: inzwischen 6-l-Hubraum, 520 PS bei 5000/min**

**Der Mittelmotor-Monoposto – der 16-Zylinder sitzt vor der Hinterachse**

**Roots-Kompressor: »Turbolader«-System zum Komprimieren der Ansaugluft**

Der französische GP-Fahrer und Langstrecken-Spezialist Jean Behra war Mitte der fünfziger Jahre zu Porsche gestoßen. Zwar fuhr er damals unter anderem noch für BRM (1958) und Ferrari (1959) Formel-1-Rennen, doch 1958 hatte Behra den sogenannten Mittellenker aus Stuttgart zu einem Sieg beim Formel-2-Rennen in Reims gefahren.

Der Mittellenker, ein umgebauter Porsche RSK, bot zwar auf schnellen Kursen gewisse Vorteile, konnte aber auf langsamen und kurvenreichen Strecken nicht mit den kotflügelfreien Monoposti mithalten.

So reifte in Behra, etwa zur selben Zeit wie im Porsche-Werk, der Entschluß, einen echten Formel 2 zu bauen. Behra brauchte für sein Vorhaben natürlich einen erfahrenen Konstrukteur, den er auch recht schnell in dem Italiener Valerion Colotti fand. Colotti hatte bei Maserati für den Rahmen des bekannten Typs 250 F verantwortlich gezeichnet und besaß nun eine kleine Firma in Modena, die sich auf die Herstellung von Renngetrieben spezialisierte.

Das Konzept für den »Behra-Porsche« war schnell festgelegt: auf einen leichten, kompakten Rohrrahmen eine passende Alu-Karosse und darunter einen RSK-Motor und Porsche-Fahrwerksteile.

Dieses unkomplizierte Projekt nahm rasch Gestalt an und schon im Frühjahr 1959 legte die damals recht bekannte Modeneser Werkstatt von Neri letzte Hand an den Einsitzer. Doch Behra hatte inzwischen einen Vertrag bei Ferrari unterschrieben. So wartete der Behra-Porsche noch einige Wochen auf seinen ersten Renneinsatz.

Die Premiere erfolgte beim Großen Preis von Monaco, übrigens zugleich mit dem Werks-Formel 2. Allerdings saß im Behra-Wagen Maria Teresa de Filippis. Die portugisische Rennamazone blieb schon in der Qualifikation hängen. Aber das Werk hatte auch nicht viel mehr Glück. Zwar konnte sich Graf Berghe von Trips gut qualifizieren im dicht besetzten Formel 1-Feld (Formel 2 durften damals noch mitfahren, wenn sie die Zeit schafften), doch das Rennen dauerte nur eine Runde, ehe ein Unfall alle Hoffnungen zu Ende machte.

Höhepunkt des Jahres 1959 wurde jedoch wieder das Formel 2-Rennen in Reims/Frankreich. Hier hatte Behra im Porsche-Mittellenker ein Jahr zuvor schon überraschend gewonnen. Doch wieder saß der Franzose aufgrund anderer Verpflichtungen nicht in seinem Wagen. Hans Herrmann bekam eine Chance und nutzte sie hervorragend: Er fuhr ständig in der Spitze mit, die aus dem Werkswagen unter Joakim Bonnier, dem Cooper-Borgward unter Stirling Moss, und dem älteren Mittellenker unter v. Trips bestand.

Herrmann forderte Moss das ganze Rennen über und unterlag nur knapp, blieb aber deutlich vor dem Werks-Porsche! Ein glänzender Einstand für den Behra-Porsche.

Behra hatte sich etwa zur selben Zeit mit dem italienischen Ferrari-Team überworfen, was zu einem Bruch mitten in der Saison führte. Behra sah jetzt endlich eine Chance, seinen Formel-Wagen einmal selber in einem Rennen zu fahren.

Er meldete zum Großen Preis von Deutschland, in jenem Jahr ausgetragen auf der Avus, seinen Formel 2 und für ein Sportwagen-Rahmenrennen am Samstag seinen Porsche RSK-Spyder. Beim Sportwagen-Rennen am Samstag verunglückte Behra tödlich. Sein Platz im »Behra-Porsche« blieb am Sonntag leer und auch das Porsche-Werk zog aus Trauer um den sympathischen Franzosen seine Mannschaft zurück.

Nach Behras Tod erwarb das Comoradi-Team den Monoposti und setzte ihn unter anderen bei den Großen Preisen von Argentinien und Italien ein. Beide Male konnte sich der Behra-Porsche ehrenvoll klassieren. Aber die technische Entwicklung war inzwischen sehr schnell weitergegangen und Behras Monoposto landete nach der Auflösung des Comoradi-Teams in den USA.

In Amerika erwarb ihn Vic Meinhardt und setzte ihn noch eine zeitlang bei formelfreien Rennen ein. Als selbst bei Clubrennen der »Oldie« keine Chance mehr hatte, zog man ihn aus dem harten Rennbetrieb zurück und restaurierte ihn gründlich.

**Behra-Porsche: 1958 vom GP-Fahrer Jean Behra in Auftrag gegeben. Nach einigen Irrwegen landete der »Behra-Porsche« in den USA**

Der in Clubrennen strapazierte Formel 2 nach seiner Restaurierung

**Unter dem Heck verborgen: der Vierzylinder mit 1,5 Liter und 160 PS**



**Cockpit des Behra-Formel 2, wie die Karosse von Colotti/Italien gebaut**

# BERLIN-ROM-WAGEN

*Typ 114/Typ 64*

Während der Arbeiten am »Volkswagen« im Konstruktionsbüro von Professor Porsche experimentierten die Motor-Ingenieure bereits mit leistungsgesteigerten VW-Motoren – für eine sportliche Ausführung. Doch bestand Ende der 30er Jahre, nach Meinung der damals Regierenden, kein Bedarf für solche Spielereien.
Trotzdem wurden bei Porsche, zumindest auf dem Reißbrett, einige Ideen durchgespielt. So entstanden zwischen dem 10. und 16. September 1938 Entwürfe zu einem aerodynamischen Sportwagen mit VW-Technik. Die mit den Bezeichnungen 114, 114 K1 und 114 K2 versehenen Unterlagen differierten nur in Details. Allen war jedoch die Plazierung des Antriebs-Aggregates gemein: Ein überarbeiteter VW-Motor vor der Hinterachse – ein klassischer Mittelmotorwagen!
Der Radstand wurde mit 2750 mm, die Spur vorne und hinten mit je 1350 mm und der Wendekreis mit 10,5 Meter ausgewiesen. Beim K1 war Platz für drei Insassen eingeplant, wobei die dritte Person quer hinter den Frontpassagieren zum Sitzen kam. Bei der Ausführung K2 fehlte dieser Notsitz.
Alle diese Pläne schienen nur für die Schublade gemacht, als eine geplante Motorsport-Veranstaltung diese Ideen ganz unvermutet wieder aktualisierte. Im Herbst 1939 sollte eine Fernfahrt Berlin-Rom stattfinden. Da die ersten 600 Kilometer dieser Langstreckenfahrt über die neuen Autobahnen laufen sollten, versprachen sich die Konstrukteure insbesondere von Stromlinien-Mobilen einige Vorteile.
Da sich auch einige VW-Modelle an dieser Veranstaltung beteiligen sollten, bekam Professor Porsche grünes Licht, auf der Basis des KdF-Wagens (Typ 60) ein konkurrenzfähiges Fahrzeug zu bauen. Die Mitarbeiter setzten ihre Arbeit nahtlos beim Projekt »Typ 114« fort. Die erste Zeichnung zum »Typ 64« vom 9. Januar 1939 basiert exakt auf den Typ 114, mit einem leicht modifizierten Fahrwerk.
In Verbindung mit der aerodynamischen Karosserie und dem Fahrgestell »60 K10« (KdF-Wagen) erstellte Porsche drei Wagen, die dann die interne Bezeichnung »Typ 64« erhielten. Diese Wagen hatten einen 985 $cm^3$ Motor, der bei 3800/min 32 PS leistete. Als Höchstgeschwindigkeit wurden 130 km/h angegeben. Vorn und hinten waren Drehstäbe als Federung vorgesehen. Vier mechanische Innenbacken-Bremsen verzögerten die etwa 850 Kilogram schweren Sonder-Fahrzeuge. Der Radstand betrug exakt 2400 mm, die Spur vorne 1290 mm und hinten 1250 mm.
Bei den ersten Tests hatten die VW-Motoren schon 40 PS Leistung und die Spitzen-Geschwindigkeit stieg auf 140 km/h. Der Fahrersitz rückte bis fast in die Wagenmitte und ein Mitfahrer konnte nur in einer leichten Sitzschale, etwas versetzt hinter dem Fahrer, notdürftig Platz nehmen.

Doch der Ausbruch des zweiten Weltkrieges verhinderte auch das vorgesehene Wettrennen von Berlin nach Rom und so kamen die drei direkt vom Typ 114 abgeleiteten Sportwagen Typ 64 nicht mehr zum Einsatz. Ein Wagen wurde bei einem Bombenangriff zerstört, einen weiteren fuhren die Amerikaner zu Schrott. Der einzig noch verbliebene »Typ 64« kam heil durch die Kriegswirren und wurde von dem Österreicher Otto Mathé erworben. Dieser durch eine Armamputation behinderte Sportwagen-Pilot fuhr mit diesem Wagen bis 1951 Rennen – sehr erfolgreich übrigens.

**Holzmodell-Entwurf (Typ 114) zum späteren Berlin-Rom-Wagen (Typ 64)**

**Von den drei Prototypen (40 PS-Motor, 140 km/h) hat einer überlebt**

# BERTONE-ROADSTER

Johnny von Neumann, Direktor der Volkswagen-Porsche-Audi-Pacific in USA, sah neidvoll auf die Händler anderer europäischer Sportwagen-Hersteller. Selbst bei ihren Topmodellen hatten Ferrari und Maserati Cabrioausführungen im Programm, nicht so bei Porsche. Die 356-Serie war ausgelaufen und damit die Speedster-, Cabriolet-, Convertible-, Roadster- und Hardtop-Varianten. Zudem war der 911 nur als Coupé auf dem Markt.

So nahm von Neumann 1966 mit dem italienischen Automobil-Designer Bertone Kontakt auf und schickte ihm einen halbfertigen 911 zu. Daraus sollte Bertone einen Roadster zaubern, der sich auf dem amerikanischen Markt gut verkaufen ließ und im Verkauf nicht über 8000 Dollar kosten sollte.

Die Italiener beeilten sich mit dem reizvollen Auftrag und stellten einige Monate später, auf dem Genfer Salon 1967, den »Porsche 911-Bertone« vor. Dieses Einzelstück war auf dem Bertone-Stand zwischen dem Jaguar FT und Lamborghini Miura plaziert, doch der Porsche-Roadster erregte das meiste Aufsehen. Er repräsentierte mit seinen klaren, sauberen Linien klassische italienische Sportwagen-Tradition.

Bertone gelang es sogar in seiner Form, die Heckmotor-Bauweise des 911 so geschickt zu kaschieren, daß sie äußerlich nicht mehr zu erkennen war. Nur eine Reihe von Luftschlitzen im Heck, links und rechts, deuteten auf einen luftgekühlten Sechszylindermotor hin.

Im weich abgerundeten Bug, der in nichts mehr an den 911 erinnerte, versteckten sich die ausfahrbaren Hauptscheinwerfer hinter einem feinen Grill. Parklicht und Blinklicht steckten in den weit umlaufenden Stoßstangen. Das Heck endete aus einer leicht abfallenden Linie in einem senkrechten Abriß. Auch hier eine saubere Lösung zur Unterbringung der Leuchteinheiten und Blinker. Unterhalb der Stoßstange war ein waagerecht angeordneter »Kühlergrill« zur Entlüftung des Motorraumes installiert.

Auch das Interieur löste sich vollkommen von der 911-Vorgabe. Die drei wichtigsten Instrumente waren senkrecht übereinander in der Mittelkonsole plaziert: Tachometer, Drehzahlmesser und Öldruckanzeiger. Direkt hinter Fahrer und Beifahrer schloß sich die offene Karosserie an, wobei sich unter einer anschließenden kleinen Klappe das Verdeck verbarg bzw. ein Notsitz.

Doch trotz aller positiven Resonanz bekam von Neumann für sein Projekt aus Stuttgart eine Absage – der Porsche 911 Targa war fertig und seine Verkaufskreise sollten nicht gestört werden. So blieb es bei diesem Einzelstück, daß 1967 den stärkeren S-Motor erhielt und später neu aufgepolstert und lackiert wurde.

**1966 vom US-Porsche-Händler Neumann in Auftrag gegeben: 911 Roadster. Unter der fast geschlossenen Heckpartie verbirgt sich der Sechszylindermotor. Seine gelungene Arbeit stellte Bertone 1967 auf dem Genfer Salon vor**

## BEUTLER *Typ 356-003*

Die Firma Gebrüder Beutler aus Dürrenast bei Thun/Schweiz erhielt im Herbst 1948 den Auftrag, sechs Cabriolets für Porsche zu bauen. Die hauptsächlichen Unterschiede zu den ab 1950 in Stuttgart gebauten Reutter-Cabrios bestand in der Verwendung von Aluminium als Werkstoff für die Karosserie, dem voll versenkbaren Verdeck und der Haubenaufschrift in Einzelbuchstaben. Das erste Beutler-Cabriolet stand auf dem Genfer Autosalon im Frühjahr 1949. Anfang August 1949 erfolgte dann die Auslieferung des sechsten und letzten Cabriolets an den Porsche-Vertreter Blank in Zürich. Alle Wagen konnten zum Preis von 15.500 Franken spielend abgesetzt werden. Aber die Schweiz war ohnehin ein guter Markt für Porsche-Mobile: Aus der 50er-Serie von Gmünd/Österreich wurden nicht weniger als 12 Wagen ins eidgenössische Land verkauft.

Der zweite Beutler-Porsche, ein bordeauxroter Zweisitzer mit heller Sitzbank und der Fahrgestell-Nummer 003, tauchte im Juni 1949 erstmals auf. Auf einer Automobil-Schönheits-Konkurrenz gewann dieser Wagen den ersten Preis. Anschließend wurde dieses Exemplar nach Ägypten verkauft, aber schon 1952 war es wieder in der Schweiz.

1960 ging das Beutler-Porsche-Cabriolet 003 in den Besitz von H. P. Wyssmann (Bern) über. Vorher war der Originalmotor mit 1086 $cm^3$ gegen einen 1,3 Liter ersetzt worden. Dabei hatte man wohl auch gleich ein synchronisiertes VW-Getriebe und Teleskop-Stoßdämpfer eingebaut. Der Kilometerzähler zeigte 116.261 km, wobei der Austauschmotor auch schon 85.088 km zurückgelegt hatte.

Das niedrige Gewicht von 662 Kilogramm verhalfen dem »003« zu recht ansehnlichen Fahrwerten. Allerdings ging die hohe Geschwindigkeit immer schnell zu Lasten der schmalen und hohen 16-Zoll-Räder. Bei einem Durchschnitt von 100 km/h waren Verbrauchswerte um 7,5 Liter zu erreichen.

## BEUTLER SPEZIAL *356-Basis*

Als die Firma Porsche, bedingt durch die Kriegswirren, eine zeitlang in Gmünd/Österreich ihr Domizil aufschlagen mußte, stellte sich Ende der 40er-Jahre das Problem, den neuen Sportwagen, den Typ 356, dort zu bauen. Porsche wandte sich an die Schweizer Karosseriebaufirma Beutler in Thun und die Schweizer bauten die ersten von 50 »Porsche« aus der Gmündner Produktion mit der Typen-Bezeichnung 356. Als das Konstruktionsbüro Porsche 1950 nach Stuttgart umsiedelte, ging auch die Produktion der Fahrzeuge im wesentlichen wieder in eigene Hände über.

Aber Porsche vergaß Beutler nicht, daß man in einer schweren Zeit so gut zusammengearbeitet hatte. So gab es 1957 von der Stuttgarter Sportwagenschmiede einen Auftrag für Beutler, auf der Basis des inzwischen sehr populären Porsche 356 einige experimentelle Versionen zu bauen.

Der »Beutler-Spezial« hatte 1957 auf dem Genfer Autosalon Premiere. Der erste Versuch war sachlich, nüchtern, ohne große Ausstrahlung und erinnerte den Betrachter ein wenig an die Borgward Isabella. Teile am Beutler Spezial waren aus dem VW Käfer und Karmann Ghia entnommen und verarbeitet worden. Für die zweitürige Limousine verwendete Beutler so die Bodenplatte vom Volkswagen-Käfer, während Antriebsaggregat, Fahrwerk und Bremsen vom Porsche stammten. Die Frontpartie war identisch mit dem Typ 356 von Porsche, während die Seiten- und Heckpartie nach einem Beutler-Entwurf verändert waren.

Im selben Jahr begann Beutler, diesen viersitzen »Beutler-Spezial« auf Bestellung zu verkaufen, wobei etwa zehn Exemplare pro Jahr entstanden. Während des Baus an diesen Fahrzeugen veränderte Beutler im Detail mehrfach seine Karosserie und baute auch Cabriolet-Ausführungen.

Eine zweite Serie, mit deren Bau 1960 begonnen wurde, konnte mehr überzeugen. Die als Coupé oder Cabriolet angebotenen Beutler-Spezial erinnerten jetzt mehr an die damals populären Aston Martin oder Subeam Alpine.

Beutler versuchte sich auch an einem viersitzigen 356. Die verlängerte Alu-Karosse hatte noch unverkennbar den Bug vom Original-Porsche 356; das Dach die Form eines Hardtops, nur extrem weit nach hinten verlängert. Für den Umbau vom Porsche 356 zu einer dieser Beutler-Versionen mußten 1960 etwa 20.000 Mark bezahlt werden.

Trotz dieses erheblichen Aufpreises sind von Beutler etwa 60 Coupé bzw. Cabriolets auf der Basis, oder mit der Technik von Porsche, gebaut und verkauft worden. Neben dem hohen Aufpreis gab es einen gravierenden Nachteil für die Beutler-Mobile: Durch die Umbauten stieg das Leergewicht noch einmal kräftig und der 60 PS-Porschemotor hatte große Mühe, diesem Wagen zu ansehnlichen Fahrleistungen zu verhelfen.

**Beutler: Mit VW-Chassis, Porsche-Bremsen und 1,6-l-Porschemotor (1957). Aus keiner Perspektive mehr an einen Porsche-Sportwagen erinnernd**

Die zweite Beutler-Serie (ab 1960) erinnerte an englische Sportwagen.
Die Coupé- und Cabriolet-Varianten wurden nur auf Bestellung gebaut

**1960 versuchte sich Beutler auch an einem viersitzigen Porsche 356. Der Bug blieb Original-356, im Heck war die Alukarosse stark verändert. Unter dem Hardtopdach war Platz für vier Personen (Umbau: 20.000 Mark)**

Bei den vielen Erfolgen der Porsche-Aggregate zu Lande und in der Luft schien es nur selbstverständlich, daß ein entsprechend umgebautes Vierzylinder-Aggregat auch als Bootsmotor zum Einsatz kam.
Doch erreichte der Typ 729-Bootsmotor nie die Erfolge der Fahrzeug- oder Stationär-Aggregate. Zu Test- und Demonstrationszwecken ließ sich Ferry Porsche Mitte der 50er Jahre in seinem eigenen Motorboot ein solches Triebwerk einbauen, doch zeigte sich, daß es große Probleme mit der Zuführung der entsprechenden Kühlluft für diesen Motor gab.
Der Typ 729 wurde mit einer Dauerleistung von 52 PS bei 3600/min angeboten. Er war geeignet für den Inneneinbau mit außenliegendem Getriebe und Doppelschraube, wobei Auspuffrohre und -topf ummantelt waren.
1959 wurden Seenot-Rettungskreuzer mit diesem Porsche-Bootsmotor ausgerüstet und auch bei verschiedenen Herstellern kam dieses Aggregat zur Verwendung, doch ein großer Erfolg war diesem Motor nicht beschieden.

**Der Bootsmotor Typ 729 lieferte 52 Dauer-PS bei 3600 Umdrehungen. Der innen eingebaute Motor hatte Außengetriebe und Doppelschraube**

Nach gut 25 Jahren Aktivität im internationalen Automobil-Rennsport hatte sich das Porsche-Werk bis Mitte der 70er Jahre in nahezu allen Kategorien engagiert: Formel 1, Formel 2, Prototypen, Gruppe 5 und 7, CanAm, Grand Tourisme- und Tourenwagen sowie Rallyes. Doch zu den berühmt-berüchtigten »500 Meilen von Indianapolis/USA« hatte es aus den verschiedensten Gründen bis dato nicht gelangt.
Aber es gab einige Privatfahrer, die daran glaubten, mit den Porsche-Triebwerken eine Erfolgschance auch bei diesem in Amerika populärsten Rennen zu haben. Albert H. Stein, ein Midget-Rennwagen-Meister aus Oakland/Kalifornien, versuchte sich 1966 an einer solch spektakulären Kombination – ein Zweimotor-Porsche, speziell für die Qualifikation zum Indy-Rennen gebaut.
Stein war nicht der erste, der sich mit einem Zweimotor-Monoposto beim »Brickyard«-Rennen versuchte. Lou Fageol (siehe Seite 74), ein Landsmann, probierte es schon 1946 mit zwei Offenhauser-Motoren und später ebenfalls mit zwei Porsche-Triebwerken – aber dann nicht mehr in Indianapolis. Albert H. Stein war deshalb der erste, der mit Porsche-Motoren in Indy auftauchte.
Stein hatte mit seinen Plänen, einen Doppelmotor-Rennwagen zu bauen, schon 1963 begonnen. Doch seine Ideen ließen sich erst 1966 realisieren, als ihm ein Freund aus Deutschland drei 901-Motoren zu einem Preis anbot, der günstiger war als die teueren Offy- oder Ford-Aggregate. Der Kalifornier kalkulierte, daß zwei Sechszylinder-Porsche mindestens so gut sein müßten wie die einheimischen Motoren.
Der Rennwagenbauer Joe Huffaker erhielt den Auftrag, ein entsprechendes Chassis zu bauen. Das fertige Stahlrohrrahmen-Gerüst erhielt Stein zu weiteren Verwendung. Er installierte ein Lancia-Renngetriebe, Girling-Scheibenbremsen, Magnesium-Felgen und fertigte eine Alu-Verkleidung.
Allerdings war der mechanische Auf- und Einbau recht kompliziert. Der Frontmotor saß mit dem Getriebe zum Fahrer, der hintere Motor hatte sein Getriebe nach hinten. Beide Aggregate trieben ihre Achsen direkt an, während das Getriebe über ein aufwendiges Gestänge synchronisiert werden mußte. Beide Motoren arbeiteten weitgehend synchron, allerdings konnte der vordere Sechszylinder bei Bedarf oder Gefahr abgeschaltet werden.
Der fertige »Brickyard-Porsche« kam im Mai 1966 nach Indianapolis, wo der erfahrene Indy-Pilot Bill Cheesbourg die Qualifikation fuhr. Cheesbourg unternahm verschiedene Anläufe, um diesen »12 Zylinder-Porsche« in die Reihen der maximal zugelassenen 33 Wagen zu stellen – doch es langte ihm nicht. Die schnellste Runde für den Spezial-Porsche wurde mit knapp 240 km/h gestoppt – 15 km/h zu langsam. Alle weiteren Versuche scheiterten, schlußendlich dann auch an der

zur Verfügung stehenden Qualifikationszeit. Stein packte ein und fuhr zurück nach Kalifornien.
Der Schöpfer dieser eigenwilligen Kreation versuchte noch zu einem symbolischen Preis von 1 Dollar, den Wagen an die Industrie zu verkaufen, in der Hoffnung, diese würde ihm weitere Geldmittel zur Verfügung stellen. Als Angebote ausblieben, hörte man nie wieder etwas von diesem »Brickyard-Porsche«.

**Zweimotor-Porsche – scheiterte für das Indianapolis-Rennen/USA (1966)**

In der Qualifikation wurden 240 km/h gemessen – 15 km/h zu langsam

Aufwendig: Heck- und Frontmotor (Typ 901), dazwischen der Fahrer

Nach den wenigen mißlungenen Indy-Runden verschwand der Bimotor-Porsche

Begonnen hat Rainer Buchmann, Chef von »b+b Auto-Exklusiv-Service« in Frankfurt, irgendwann Mitte der 70er-Jahre. Zu diesem Zeitpunkt war der Bedarf von Automobil-Interessierten an ausgefallenen Pkws auf einem Höhepunkt. Ideen gab es viele, doch nicht sehr viele, die sie ausführen konnten.
Buchmann und sein Team glaubten hier Abhilfe schaffen zu müssen – die Porsche-Modelle schienen für dieses Vorhaben prädestiniert. Ein 911-Targa erhielt ein gelungenes, auffallendes Streifen-Design, Innenausstattungen wurden jedem gewünschten Geschmack angepaßt.
Der große Durchbruch gelang mit einem für damalige Zeiten ungewöhnlichen Mischling. Anfang 1978 nahmen sich Buchmann und sein bester Karosserie-Former einen 911 Turbo mit 3,3-l-Motor und rupften ihn auseinander. Eine Rohkarosse eines Carrera-Targa wurde über die Turbo-Technik gestülpt und den veränderten Maßen angepaßt. Der Wagenbug erhielt das Aussehen des Porsche 928. Unter dem selbstentwickelten Heckspoiler montierte man einen großen Ölkühler, sollte doch der Motor bei einem Ladedruck von 1,1 Bar 370 PS auf die Straße bringen – als Targa wohlgemerkt! Daß das alles auf entsprechend breiten Reifen und Felgen stand, versteht sich von selbst.
Optik und Technik waren also schon spektakulär, doch erst bei der Innenausstattung tobte sich »b+b« richtig aus: Fernsehanlage, CB-Funk, Stereoanlage, Spezialsitze, gekühltes Barfahr und, und...
Mit reichlich vergoldeten Knöpfen, Leisten und Rädchen sollte dieser 911-Turbo-Targa-Carrera-928 »nur« 215.000 Mark kosten. Angeblich ist dieses Mobil an einen nicht unvermögenden Autosammler mit Sitz auf einem Antillen-Eiland verkauft worden.
Wie dem auch sei, jedenfalls war Buchmann von der Vorstellung dieses Autos an im Gespräch. Porsche- und Daimler-Fahrer wurden seine bevorzugten Kunden. Optische Aufbesserungen der Karosserie beim 911, 924 und auch beim 928 wurden zu seiner Spezialität.
Auf der IAA 1979 stand dann die neuste Kreation: ein Porsche 928-Targa. Hierzu wurde die Karosserie im Bereich oberhalb der Gürtellinie verändert. Im Gegensatz zum Serien-928 mit seinem wuchtigen Heck fanden bei der Buchmann-Variante ein kurzes Stufenheck mit einer senkrecht stehenden Heckscheibe Verwendung.
So ergab sich für den 928-Targa aus einigen Perspektiven sogar eine elegantere Linie. Tiefgreifende Änderungen erfuhr bei den anliegenden Umbauarbeiten auch die stoßabsorbierende Bugpartie. Die neue Front gab dem 928 ein männlicheres, markanteres Aussehen – glaubte zumindest sein Erbauer.
Einen hohen Aufwand erforderten die durch das Abnehmen des Dachs notwendigen Karosseriearbeiten und -versteifungen. So mußten im Motorraum, in

den vorderen Radkästen, den Türschwellern und unter den Rücksitzen entsprechende Verstärkungsrohre eingeschweißt werden. Auch der obere Teil des Windschutzscheiben-Rahmens wurde mittels zusätzlicher Bleche nachversteift.
Keine tragende Funktion hatte dagegen der Mittelsteg zwischen Frontscheibe und Heckbügel, der sogenannte Targa-Mittelsteg. Er diente lediglich als Träger für die sehr aufwendige Stereoanlage und das auf Wunsch lieferbare Autotelefon.

Nur die neu gestaltete Frontpartie beim Buchmann-928-Targa ist aus Polyester und natürlich das herausnehmbare Targadach. Letzteres findet bei Bedarf im Kofferraum Platz. Alle übrigen Umbauteile wie Überrollbügel, Kofferraumdeckel und Kotflügeloberteile des Hinterwagens sind aus einer Blechtafel in Handarbeit geformt. Sämtliche mechanischen Teile blieben serienmäßig.
Bei einer Lieferzeit von etwa drei Monaten wurden für einen solchen Umbau 35.000 Mark in Rechnung gestellt.

**Auf der IAA 1979 präsentierte Rainer Buchmann (b+b Auto-Exklusive-Service, Frankfurt/Main) seine Targa-Version eines Porsche 928**

38 **Der Umbau oberhalb der Gürtellinie erforderte aufwendige Maßnahmen zur Versteifung der restlichen Karosserie. Umbaukosten ca. 35.000 DM**

Der große Durchbruch gelang Buchmann mit einem Porsche 911-Turbo, auf den eine Carrera-Targa-Karosserie aufgepfropft wurde. Der Wagenbug erhielt die Form des Typs 928. Der Motor leistete bei 1,1 bar Ladedruck gut 370 PS. Im Innenraum fand reichlich Gold und Leder Verwendung.

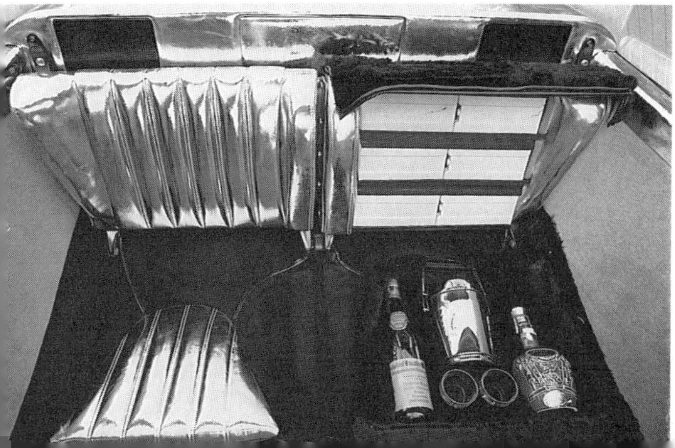

40 **Mitte der 70er Jahre die erste Buchmann-Idee: ein im auffälligen Streifendesign lackierter Porsche 911 Targa, mit Heckspoiler**

**Die etwas nüchterne Karosserie-Linie des Porsche 924 wertete »b+b« mit einer neuen, farbigen Lackierung und breiteren Reifen/Felgen auf**

In den ersten Nachkriegsjahren, als an den Bau von Serienwagen noch nicht zu denken war, erhielt Ferry Porsche einen interessanten Auftrag. Piero Dusio, Chef der Firma Cisitalia in Turin, wollte mit einem richtigen Grand Prix-Wagen groß in den Motorsport einsteigen. Dusio hatte bereits in Italien einen 1100 $cm^3$-Sportwagen bauen lassen, der dort recht erfolgreich lief.
Nichts war Dusio auf seinem Weg, die Weltmeisterschaft zu erringen, zu teuer: Es sollte ein 1,5-l-Monoposto mit Kompressoraufladung und allen technischen Neuerungen geben, über die man verfügte.
Porsches Team ging recht bald an die Arbeit und fertigte bis 1949 den ersten und einzigen »Cisitalia«. Der nicht nur für damalige Zeiten technisch sensationelle Einsitzer wurde an Piero Dusio übergeben. Doch dessen Firma war nach einer Reihe von unglücklichen Umständen Bankrott gegangen, und so sah sich Dusio nicht mehr in der Lage, diesen GP-Wagen einzusetzen.
Zum Zeitpunkt der finanziellen Schwierigkeiten befand sich der Italiener in Argentinien, wo er gerade die Firma Autoar gründete – die erste unabhängige argentinische Autofabrik, die es gab. Autoar stellte eigene Modelle her und baute auch den NSU Prinz in Lizenz.
Dusio kam nach einiger Zeit aus Argentinien zurück und zahlte alle seine Gläubiger aus. Den »Cisitalia« sowie alle Ersatzteile wurden nach Argentinien verschifft, ohne daß der hochkarätige Monoposto auch nur einen Meter gerannt war. Man stellte diesen Wagen in eine Ecke der Firma Autoar, legte eine Plane darüber. Hier ruhte die Porsche-Konstruktion bis etwa Dezember 1951. Dann entdeckte ein Bekannter von Dusio mehr zufällig den Schatz unter der Plane, und es begann ein langer, mühsamer Weg, eine Menge Leute davon zu überzeugen, den Cisitalia zum Leben zu erwecken. Ein Professor, Spezialist für Verbrennungsmotoren an der Hochschule in Buenos Aires, nahm sich aller Unterlagen an und entschied zuerst, Tests mit dem Einzylinder-Versuchsmotor zu »fahren«.
Über alle diese Untersuchungen verging ein ganzes Jahr. Doch es stand die »Temporada 1953« an, ein großes Rennspektakel, das jährlich im Januar über die Strecke ging. Hier aber sollte der Cisitalia sein erstes Rennen erleben. Als Fahrer gewann man den einheimischen Clemar Bucci.
Wenige Tage vor dem Rennen lief der Cisitalia tatsächlich das erstemal aus eigener Kraft: auf der Straße neben der Fabrik. Doch es gab weiter Probleme über Probleme, angefangen bei den Zündkerzen, und es war noch nicht zu Ende bei den Reifen. Zwei Tage vor dem Rennen hatten die argentinischen Mechaniker und Helfer die meisten Schwierigkeiten in den Griff bekommen und Bucci fuhr seine erste Trainingsrunde.
Aber er kam sofort wieder an die Boxen

und beklagte ein wahrscheinlich defektes Getriebe. Doch hatte er in Wirklichkeit Probleme, das ungewöhnliche Schaltschema in den Griff zu bekommen. Im Cisitalia lagen die Gänge wie im Motorrad – einer hinter dem anderen.
Anschließend fuhr Felice Bonetto eine Runde mit dem Cisitalia. Bonetto, Ex-Werksfahrer von Alfa, Maserati und Lancia, schaffte ebenfalls nur eine Runde. Ihn stoppte eine dicke weiße Wolke. Die Entlüftung des Kurbelgehäuses arbeitete nicht optimal und das herausdrückende Öl lief auf den Auspuff. Daraufhin zog das Team den Wagen vom Rennen zurück.
Wieder zu Hause, nahm man den Rennmotor aus dem Wagen und montierte ihn auf einen Bremsenprüfstand. Mit einem Alkohol-Benzin-Gemisch schaffte der Motor 385 PS bei 9000/min. Doch die Ernüchterung kam schnell: Das Gemisch war zu mager und zwei Kolben brannten durch – wieder Aus.
Gottseidank fanden sich unter den Ersatzteilen auch neue Kolben. Aber Fehler beim Auseinander- und Zusammenbau der komplizierten Maschine verpatzten alle ins Auge gefaßten Termine. Um aber endlich ein Erfolgserlebnis zu haben, kündigte man an, am 18. Juni 1953 einen Rekordversuch mit dem Cisitalia unternehmen zu wollen. Und tätsächlich, obwohl kalt und windig, kam der Versuch an jenem Tag zustande.
Clemar Bucci zeigte sich nach einem Probedurchgang recht angetan vom Lenk- und Fahrverhalten, bemängelte allerdings wieder die Motorleistung. Die Kerzen wurden angewärmt, neu gestartet und endlich lief der 12-Zylinder auf allen Töpfen, drehte sogar im direkten Gang bis 8500/min und war damit gut 260 km/h schnell. Als der Versuch in der Gegenrichtung laufen sollte – wie bei einem Rekord verlangt wird – ging wegen zu mageren Gemischs wieder ein Kolben defekt und das Mittel aus beiden Läufen erbrachten magere 234 km/h – zu wenig für den 1,5-l-Kompressor, der gut 300 km/h erreichen mußte.
Autoar gab alle weiteren Pläne mit diesem Wagen auf und bot ihn zum Verkauf an – für 4000 Dollar! Ein Amateur holte ihn sich ins Haus, um daraus – mit Ford V8-Motor – einen Dragster für Beschleunigungsrennen zu bauen! Doch hatte sich dieser Bastler bei seinem Vorhaben finanziell übernommen und konnte seine Pläne nicht realisieren. Der Cisitalia verschwand wieder in einer Ecke unter einer Plane. Bis 1960 die Porsche-Werks-Rennmannschaft in Argentinien weilte, diese Rarität zurückkaufte und ihn zur wohlverdienten Ruhe ins heimische Museum stellte.
Einige technische Daten: Hubraum 1493 $cm^3$; Leistung mit Kompressor 450 PS bei 10500/min; Verdichtung 9,2:1. 12-Zylinder-Boxermotor, wassergekühlt. Vier oben liegende Nockenwellen, die über Königswellen angetrieben wurden; Roots-Gebläse; zwei Weber-Horizontal-Vergaser.
Gitterrohrrahmen; Radaufhängung vorn an Doppellängslenker und Abfederung durch Drehstäbe; hinten an Doppelquerlenker und einer Längsstrebe mit Kugelgelenk.
Fünfgang-Getriebe hinter dem Motor; wahlweise schaltbarer Vierradantrieb

über Doppelgelenkwelle. Zwei Kraftstofftanks links und rechts vom Fahrer, gefüllt mit einem Spezial-Gemisch von etwa 150 Oktan (heutiges Superbenzin etwa 98 Oktan). Die Vierscheiben-Kupplung lief in Öl.

Der Motor wog komplett mit Roots-Lader nur 155 kg. Die Reifen hatten vorne 7.00-19- und hinten 5.50-18- oder 6.00-17-Format. Radstand 2600 mm; Spur vorne und hinten je 1300 mm; Höchstgeschwindigkeit ca. 300 km/h.

44 **Im Auftrag des Italieners Piero Dusio begann Porsche 1949 mit der Konstruktion des »Cisitalia« Grand-Prix-Wagens: 12 Zylinder, 1,5 Liter, 450 PS mit Kompressor und 150 Oktan-Benzin, 300 km/h, Vierradantrieb**

Die in Miami/Florida (USA) ansässige Firma »Classic Motor Carriages« bietet in ihrer umfangreichen Replica-Modellpalette auch zwei Porsche-Typen an: den 356 A-Speedster und eine Sportversion auf der Basis dieses Speedsters.
Diese US-Firma stellt mit 200 Arbeitern jeden Monat etwa 300 Replicas her, entweder als Bausatz oder komplett montiert. Den Bausatz zum 356 A-Speedster bietet Classic Motor für 6000 Dollar, etwa 18.000 Mark, an. Die Lieferung umfaßt die Karosserie mit allen notwendigen Ausrüstungsgegenständen sowie ein Großteil der Innenausstattung. Gut 90 Prozent des Wagens und seiner Teile sollen dabei dem Original-Vorbild exakt entsprechen.
Der Käufer des Bausatzes braucht seinerseits nur noch ein VW-Käfer-Chassis, muß dieses nach Angabe verkürzen, einen Käfer-Motor und viel Zeit für den Aufbau.
Wer es gerne noch wilder mag, kann sich auch den Classic Speedster C bestellen, eine Rennversion des besagten 356 A-Speedster. Dieses Replica-Modell unterscheidet sich vom Normal-Speedster durch das Weglassen alles unnötigen Zierrates, breiteren Kotflügeln und Reifen, einem Rollbügel und Leistung nach Belieben. Wer es so mag, muß noch einmal 1200 Mark zusätzlich auf den Tisch legen.

**Classic-Motor (USA) bietet die Speedster-Replica auf VW-Basis an**



**»Rennversion«-Replica des 356 A-Speedster: Bausatz ab 18.000 DM**

# COOPER-PORSCHE *356-Motor*

In der Südafrikanischen Union Mitte der 50er-Jahre häufig zu sehen: Ein Cooper-Fahrgestell mit einem Porsche 1500 S-Motor. Der Fahrer Ian Frazer-Jones gewann damit u. a. bekannte nationale Rennen. Von dem Original-Cooper blieb nur noch die Schnauze im ehemaligen Zustand.

**Cooper-Fahrgestell mit Porsche 1500 S-Motor, in Südafrika eingesetzt**

Auslöser für das Projekt »T 80«, Daimler-Benz-Weltrekordwagen, war 1936 der Auto Union-Rennfahrer Hans Stuck senior. Quasi auf dem Höhepunkt seiner Karriere strebte er nach noch höheren Ehren und verfiel dabei auf den Gedanken, den absoluten Weltrekord für Landfahrzeuge nach Deutschland zu holen – mit ihm am Lenkrad natürlich. Der Rekord stand zu diesem Zeitpunkt bei 484,6 km/h, gehalten von dem Briten Malcolm Campbell auf »Bluebird«. Dieser Spezial-Rekordwagen hatte einen 2500 PS starken Rolls-Royce-Flugmotor als Kraftquelle. Stuck begann, verschiedene Leute für seine Idee zu interessieren. Bei Professor Porsche drückte Stuck offene Türen ein. Porsche war so begeistert, daß er für die Konstruktionsarbeiten keine Bezahlung nehmen wollte.
Als schwierig erwies sich die Suche nach einem geeigneten Triebwerk, daß, laut Porsche, mindestens 3000 PS haben sollte. Doch Daimler-Benz arbeitete schon seit 1932 an einem neuen flüssigkeitsgekühlten V12-Flugmotor, der 1936 mit einer Benzineinspritzanlage bereits 1300 PS leistete. Da die Motoren als Geheimsache im Auftrag des Reichsluftfahrt-Ministeriums gebaut worden waren, hatte diese auch die Verfügungsgewalt über die neuen Aggregate. Dank guter persönlicher Verbindungen von Stuck zum Leiter des Beschaffungsamtes, Ernst Udet, bekam Stuck die Zusage für zwei Motoren zum »Weltrekordwagen«.
Nach langer Diskussion entschloß sich auch Daimler-Benz, mit Porsche als Konstrukteur, in dieses Vorhaben einzusteigen. Mitte Oktober kam die schriftliche Bestätigung von Daimler an Stuck, die Finanzierung zum Bau des Wagens zu übernehmen, während Stuck die Kosten des Weltrekordversuches selber tragen sollte.
Anfang November erhielt das Porsche-Büro eine Übersichtszeichnung des neuen Flugmotors »DB 601«, von dem ein Exemplar, ohne Starter, 580 Kilogramm wog. Nachdem sich bei weiterlaufenden Versuchen herausgestellt hatte, daß der Daimler-Motor mit Spezial-Treibstoff und höheren Ladedrücken auf über 2000 PS zu steigern war, änderte Professor Porsche das ursprüngliche Konzept und verzichtete zu Gunsten eines geringeren Gesamtgewichtes auf den zweiten Motor.
Am 22. März 1937 legte Porsche das endgültige Konzept des Projektes »T 80« (so die interne Porsche-Typisierung) bei Daimler vor. Bei einer Leistung von 2200 PS bei 3500/min sollte der Weltrekordwagen nach fünf Kilometer Anlauf seine vorgesehene Höchstgeschwindigkeit von 550 km/h erreichen. Die Form des T 80 hatte Porsche so konstruiert, daß mit Hilfe von kleinen Tragflächen ein Anpreßdruck auf die Antriebsachse und Steuerung gegeben war. Der Luftwiderstandsbeiwert betrug sensationelle Cw 0,18. Dazu war die Unterseite des Wagens vollkommen geschlossen.

Zwischenzeitlich wurde die Leistungsfähigkeit des Daimler-Flugmotors nachdrücklich unter Beweis gestellt: Am 11. November 1937 flog eine Messerschmitt Bf 109 V 13 mit 610,4 km/h einen neuen Weltrekord. Das im Flugzeug eingebaute Aggregat leistete 1650 PS.
Aber auch auf der Erde gab es einen neuen Rekord: George Eyston drückte seinen »Thunderbolt«, ausgerüstet mit zwei Flugmotoren von zusammen 4600 PS, in Bonneville/USA auf 502,1 km/h. Und es ging weiter so: Eyston und Cobb schaukelten sich innerhalb weniger Tage mit ihren Rekordfahrzeugen auf die neue Bestmarke von 575,3 km/h (Eyston, 16. September 1938).
Porsche mußte erneut seine Pläne überarbeiten, die ja nur ein Rekordfahrzeug für eine Geschwindigkeit bis 550 km/h vorgesehen hatten. Das Ziel hieß 600 km/h und war zu erreichen, wenn der »T 80« sechs Kilometer beschleunigen und rund 2,5 Kilometer Bremsen und Ausrollen konnte. Daimler glaubte mit dem Flugmotor-Typ DB 603-V3 auch die geforderten 3000 PS liefern zu können und baute dieses Aggregat im T 80 ein. Der DB 603 hatte einen Hubraum von 44,5 Liter (Bohrung 162 mm/Hub 180 mm), wobei die 12 Zylinder in einem 60-Grad-V-Winkel zueinander standen. Die Verdichtung lag knapp unter 7,5:1. Zusammen mit einer 73 Kilogramm schweren Schwungscheibe wog der Rekordmotor 807 Kilogramm.
Die Basis des T 80-Chassis bildete ein Leiterrahmen, dessen Längsträger aus Ovalrohren bestanden. Das Gewicht des nackten Rahmens belief sich auf 224 Kilogramm. Um die Leistung maximal auf den Boden zu bringen, entschloß man sich zu vier angetriebenen Rädern. Zusammen mit dem Kupplungsgehäuse wog die Antriebseinheit 273 Kilogramm. Ein Wechselgetriebe war für den T 80 nicht vorgesehen, sondern nur eine sogenannte Rutsch-Kupplung, die vom Anfahren bis etwa 150 km/h wirkte und sich »starr machte«, wenn die Angleichung zwischen Kurbelwellendrehzahl und Fahrzeug-Geschwindigkeit erreicht war.
Um den Weltrekordwagen nach nur einem Kilometer Bremsweg zum Stehen zu bringen, wie von Porsche errechnet, erhielt der T 80 sechs Leichtmetall-Bremstrommeln mit je 500 mm Durchmesser. An jeder Bremse waren vier Backen vorgesehen und so mußten drei Hauptbremszylinder die 24 Radbremszylinder steuern. Die Drahtspeichenräder (!) mit Zentralverschluß hatten 32 Zoll Durchmesser und 7-Zoll-Continental-Reifen montiert. Bei Schnellaufversuchen waren mit den Spezialreifen 670 km/h problemlos »gefahren« worden. Betriebsbereit, jedoch ohne Kraftstoff und Karosserie, wog das Fahrzeug 2683 Kilogramm. Dazu kamen das Stahlrohrrahmengerüst (224 kg) und die Duralblech-Karosse (344 kg).
Während in der Luft Heinkel- und Messerschmitt-Flugzeuge mit Hilfe der Daimler-Triebwerke den absoluten Weltrekord für Kolbenmotoren bis auf 755 km/h verbesserten, ging es auch auf der Erden weiter – aber immer noch ohne die Beteiligung von Daimler. Der Landrekord stand inzwischen, auf-

gestellt am 22. August 1939 von John Cobb, bei 595 km/h. Für das T 80-Projekt wurde es eng.
Inzwischen hatten sich auch einige Wolken am bis dato friedlichen Himmel breitgemacht und die Idee mit dem T 80 ebenfalls, wie alle anderen Rekordfahrer, nach Amerika zu gehen, mußte fallengelassen werden. In der Nähe von Dessau baute der Reichsarbeitsdienst als Ersatz eine schnurgerade Strecke, die sich für das Weltrekordvorhaben eignen sollte. Allerdings war die Länge nur ganz knapp ausreichend für die Versuche und es blieben somit kaum Reserven.

Am 12. Oktober 1939 rollte der T 80 zum Prüfstand, wo der Motor DB 603-V3 angeschleppt wurde. Kleinere Probleme erledigte man sofort vor Ort und es hätte noch etwa einen Monat gedauert, bis der erste Versuch hätte laufen können. Doch der zweite Weltkrieg hatte begonnen, andere Dinge wurden wichtiger. Am 29. Februar 1940 wurde der Rekordmotor in das Werk zurückgebracht und wieder als Versuchs-Flugmotor benutzt. So ausgeschlachtet, kam der T 80 in eine Werkshalle und ist heute in dieser Form im Daimler-Benz-Museum zu begutachten.

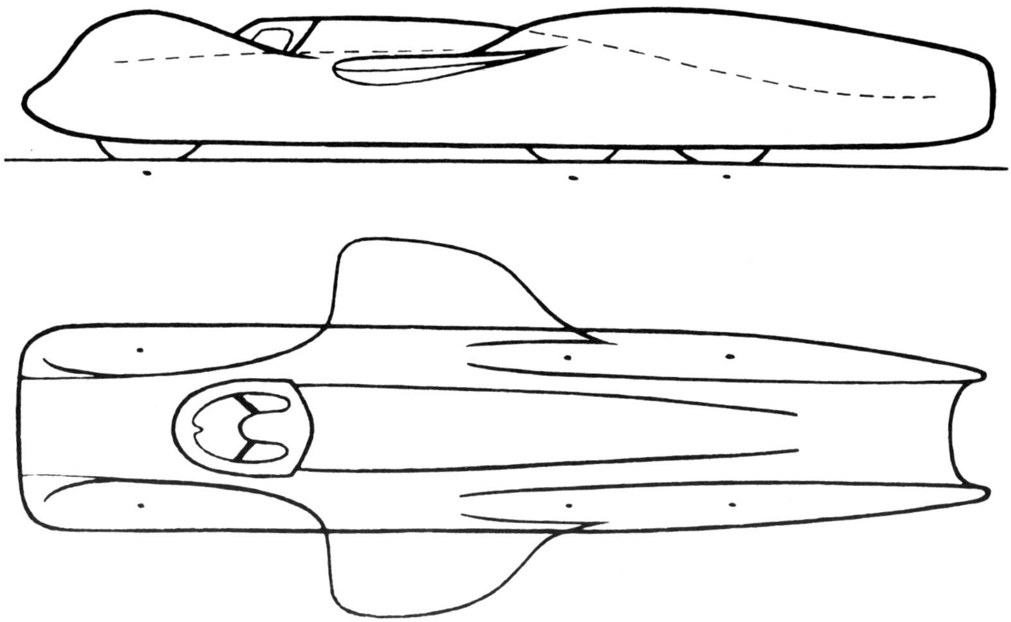

**Zeichnungen zum Rekordwagen »T 80« von 1939, ausgelegt für 2200 PS**

52 **Der Gitterrohrrahmen (244 kg) trägt drei Achsen, davon zwei angetrieben**

**Daimlers Flugmotor 603-V3 lieferte 3000 PS aus 44,5-l-Hubraum.
Fahrzeuggewicht 3150 Kilogramm, der Motor allein wog 807 Kilogramm.
Der Kriegsbeginn verhinderte den Rekordversuch mit über 600 km/h** ▷

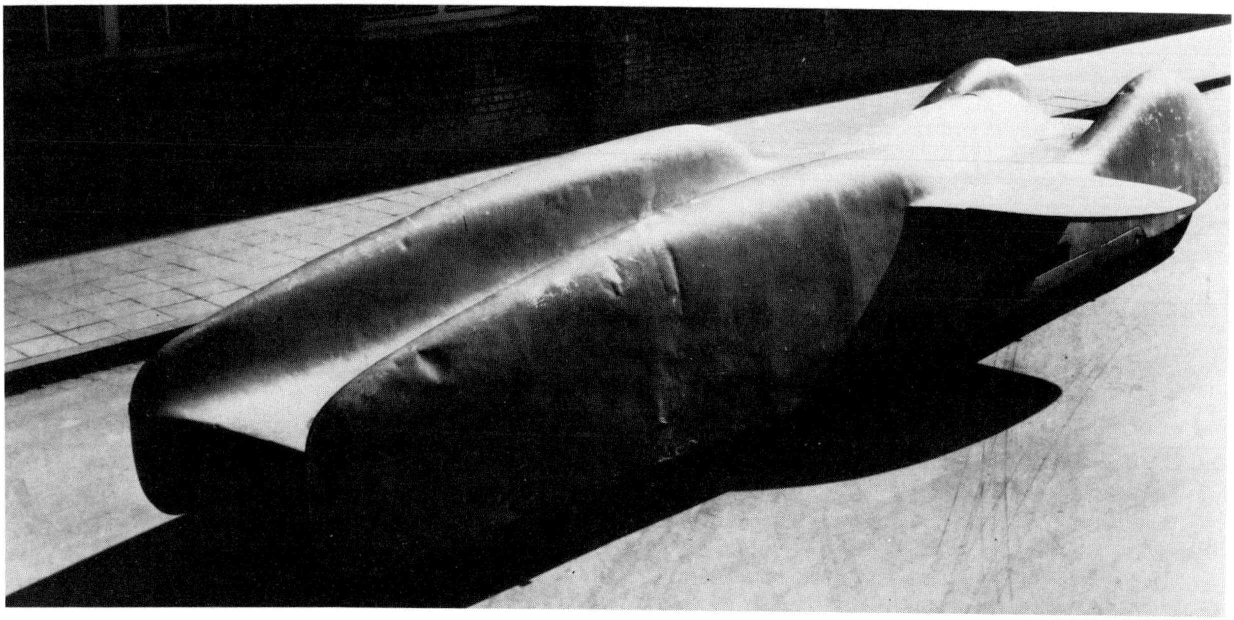

# DAIMLER-RENNMOTOR

Die internationale Automobilsport-Kommission hatte im September 1936 die Bestimmungen für die Rennwagen der Saison 1938-1940 bekanntgegeben. Erstmals war den Konstrukteuren die Wahl freigestellt zwischen Saug- oder Kompressormotoren. Als maximaler Hubraum wurde den Saugermotoren 4,5 Liter und den Lader-Aggregaten 3,0 Liter zugestanden.
Am 18. März 1937 lagen auch Daimler-Benz zwei Entwürfe nach der neuen Rennformel vor. In einer Diskussionsrunde wurde, in Anwesenheit von Professor Porsche, über den Weltrekordwagen »T 80« (siehe Seite 49) gesprochen. Bei dieser Gelegenheit fragte man auch Professor Porsche nach seiner Meinung zur neuen Rennformel. Porsche präsentierte aus der Aktentasche ganz »zufällig« zwei Vorschläge. Wie bei den Daimler-Entwürfen hatte auch Porsche den V 12-Motor als Antrieb eingeplant, jedoch hatte er den Motor im Heck plaziert. Porsche selbst bevorzugte die Version mit der Plazierung des Getriebes zwischen Motor und Hinterachse, was eine bessere Achslastverteilung ergab.
Während Daimler weiter am Rennwagen mit aufgeladenem Dreilitermotor arbeitete, gab man Porsche den Auftrag zur Entwicklung eines 4,5-l-Saugermotors. Dennoch wußte niemand, welche der beiden Antriebsmöglichkeiten ab 1938 die bessere sein würde.
Im November 1937 präsentierte Porsche zwei Entwürfe, die auf dem Achtzylinder-Wanderer-Motor W 24 basierten. Porsche hatte drei Zylinderreihen mit je acht Zylinder (!) auf ein Kurbelgehäuse gesetzt. Bei Abmessungen von 62 x 62 mm ergaben sich 4490 $cm^3$ Hubraum für den 24 Zylindermotor! Bosch sollte dazu drei Achtstempel-Einspritzpumpen liefern sowie vier Sechszylinder-Zündmagnete. Pro Zylinder waren nur zwei Ventile vorgesehen.
Der zweite Entwurf sah eine Kolbensteuerung vor, bei der es sich um eine fortschrittliche Zweitakt-Konstruktion handelte. Die Ergebnisse aus den Einzylinder-Versuchen enttäuschten, es waren im Höchstfall 305 PS zu erwarten, doch hatte man errechnet, daß mindestens 360 PS gebraucht wurden. Inzwischen waren die Prüfstandsergebnisse für den aufgeladenen Dreiliter-Motor immer besser geworden, und so wurden die Porsche-Entwürfe verworfen. Einzig die Einspritzanlage wollte Daimler von Porsche übernehmen. Aber alle laufenden Versuche mit der Einspritzanlage brachten keine nennenswerten Ergebnisse gegenüber den Vergaser-Triebwerken. Selbst auf den später folgenden 1,5-Liter-V8-Motor versuchte Daimler die Bosch-Einspritzung anzuwenden, kam aber auch hier zu keinem positiven Ergebnis. Damit wurden alle Versuche in dieser Richtung abgebrochen. Erst Anfang der 50er Jahre griffen die Daimler-Ingenieure wieder auf dieses System zurück – diesmal mit mehr Erfolg.

Schon am Untertitel zum »Denzel« läßt sich ablesen, daß dieser Sportwagen aus den 50er Jahren nicht unbedingt in die Kategorie »Porsche-Sondertypen« einzuordnen ist. Und dennoch, der Denzel ist, obwohl in der Mechanik im wesentlichen auf VW-Teilen basierend, ein Produkt seiner Zeit und mit einem Glöckler-Spyder oder sogar Porsche 550 vergleichbar.

Deshalb nachstehend einige Zeilen zum Denzel-Sportwagen, der seine Wiege in Österreich hatte.

Wolfgang Denzel, Ingenieur und Inhaber einer Kfz-Werkstatt, hatte bereits vor dem zweiten Weltkrieg Rallyes gefahren, und so war es für ihn nur natürlich, bald nach dem Ende des Krieges wieder mitzumischen. Zusammen mit seinem Beifahrer Hubert Stroinigg bastelte Denzel 1948 aus zusammengesuchten VW-Altteilen einen viersitzigen Sportwagen – den »Denzel«

Dieser Wagen hatte ein modifiziertes Kübelwagen-Fahrwerk mit luftgekühltem Boxermotor von 1,1 l Hubraum und stolzen 25 PS Leistung. Die Karosserie bestand, in Ermangelung anderer Materialien, aus Holz! Aus diesem Grund – das Holz brachte ein zu hohes Gewicht – überzeugte der erste Entwurf nicht. Schon das Folgemodell erhielt eine Pontonkarosse aus Kunststoff. Jetzt wog der fertige Denzel nur 600 Kilogramm und war damit konkurrenzfähig. Denzel/Stroinigg starteten mit diesem Wagen 1949 bei der Österreichischen Alpen-Rallye und gewannen sie. Dieser Erfolg brachte sofort eine rege Nachfrage für weitere Denzel-Sportwagen.

Denzel verstand den Trend und begann in einem Wiener Stadtteil mit der Herstellung von zwei- und viersitzigen Sportwagen. Als erstes wurde die schwache Motorleistung des VW-Triebwerkes durch eigene Nacharbeiten auf 38 PS angehoben. Porsche, das etwa zu diesem Zeitpunkt mit seinem 356 auf den Markt kam, hatte den ebenfalls modifizierten VW-Motor auf 40 PS angehoben.

1951 wechselte Denzel vom bis dato benutzten Zentralrohr-Plattformrahmen des VW-Käfers auf ein Chassis mit einander verschweißten Stahlrohren. Dieser Rahmen war stabil, billig und sparte wieder Gewicht. Achsen, Motor und Getriebe stammten aber weiterhin, wenn auch überarbeitet, vom Volkswagen.

Ein Jahr später ersetzte Denzel die Kunststoff-Karosserie durch eine noch formschönere, handgetriebene Alu-Karosse. In dieser Form wurde der »Denzel« bis zum Ende der Produktion 1959 nahezu unverändert gebaut. Nur die Motor-Leistungen wurden ständig angehoben und so gab es schließlich zwei Triebwerke: eine Straßenversion mit 1,3 l Hubraum und 52 PS, sowie eine Sportversion mit fast identischem Hubraum, aber 64 PS. Bei diesen Aggregaten waren nur noch der Motorblock und das Lüftergehäuse vom

Original-VW-Käfermotor, alles andere waren Spezialanfertigungen von Denzel.

Fast am Ende der Denzel-Ära wurde der Hubraum auf 1,5 Liter aufgestockt und wieder zwei Leistungsvarianten angeboten: 75 bzw. 85 PS. In der fast zwölfjährigen Bauzeit als Roadster, Cabriolet und Hardtop-Coupé wurden insgesamt etwa 350 Exemplare hergestellt.



**Bereits 1948 hatte Wolfgang Denzel seinen ersten »Denzel« fertig.**
**Die Pontonkarossen, Alu auf Stahlrohre, wurden von 1952-1959 gebaut.**

Zwei Motoren, auf Basis VW, im Angebot: 1,3 l mit 52 PS und 64 PS.
Etwa 350 Denzel wurden gebaut, zum Schluß mit 1,5 l und 75 bzw. 85 PS

# DIBA GTC

*911-Basis*

Auf der Bodengruppe des Porsche 911 entstand das »Diba GTC« getaufte Meisterstück eines Schweizer Karosserie-Handwerkers, gebaut Anfang der 70er Jahre.

Das zweitürige Coupé hatte eine Karosserie in Ganzstahlbauweise mit 0,88 mm Blechdicke. Das Porsche 911-Fahrgestell mit sämtlichen mechanischen und elektrischen Teilen wurde übernommen. Der Sechszylindermotor mit zwei Liter Hubraum leistete 148 PS bei 6100/min. Kraftübertragung und Aufhängung waren mit dem Original-Porsche identisch. Die 7-Zoll-Magnesium-Sonderfelgen waren bestückt mit Dunlop-Reifen des Formates 185 HR 70 x 15.

Der Radstand betrug 2210 mm, die Spur vorne 1340 mm und hinten 1350 mm. Die Bodenfreiheit lag bei 150 mm, die Länge wurde mit 4320 mm angegeben, breit war der Diba 1780 mm und nur 1130 mm hoch.

Mit einem Leergewicht von 1020 Kilogramm (zulässiges Gesamtgewicht 1400 kg) erreichte dieses meisterliche Einzelstück eine Höchstgeschwindigkeit von 215 km/h. Der Verbrauch, nach Angaben seines Erbauers, pendelte zwischen 15 bis 16 Liter Superbenzin auf 100 Kilometer.



**Diba GTC: Anfang 1970 von einem Schweizer Karosserie-Meister gebaut**

**Auf dem 911-Fahrgestell entstand eine Coupé-Karosse in Ganzstahl**

**Im Heck des Diba GTC verbirgt sich der 2-l-Sechszylinder mit 148 PS**

**Das Interieur wurde im wesentlichen vom Porsche 911 entnommen**

# DICK-VIERSITZER

William Dick junior, Mitbesitzer eines Porsche-Betriebes im Südwesten Amerikas, wollte seiner Frau ein ganz besonderes Geschenk machen. Ein Porsche 911 sollte es sein, aber einer mit vier Türen. Da es so etwas bis zum heutigen Tag serienmäßig nicht gibt, schritt Dick zur Selbsthilfe. Er fand auch eine Firma, die solche Umbauten durchführte, doch was dabei herauskam, entsprach zu wenig einem Porsche 911.
Also suchte Dick weiter und fand Troutman und Barnes in Culver City, Kalifornien, die mit Hilfe des Industrie-Designers Charles Pelley eine viertürige Karosserie zum 911 entwarfen, ohne die ursprüngliche Silhouette zu weit zu verändern.
Als Basiswagen stand Troutman & Barnes ein 911 S von 1967 mit Sportomatic-Getriebe zur Verfügung. Die Verlängerung des 911 S um 21 in. (etwa 53 Zentimeter) machte naturgemäß das größte Problem und verursachte den höchsten Aufwand. Mit Hilfe eines Blechwerkers wurde die Bodengruppe von Höhe der Frontscheibe bis zum Ende der neuen Heckscheibe erneuert. Das gab die Basis, um vier Türen einzubauen, die alle identisch groß werden sollten. Um das zu erreichen, wurden die hinteren beiden 911-Türen nicht vorne, sondern hinten angeschlagen, oder anders: Türgriffe und Schlösser für beide Türen auf jeder Seite befinden sich in der B-Säule.
Der Innenraum wurde dann mit Leder und Walnußholz weiter aufgewertet, während das Instrumentenbrett original blieb. Ende 1967 war der Viersitzer-911 als Geschenk für Frau Dick fertig.
Jahre später, der Besitzer wechselte mehrfach, kam es zu größeren Umbauten. So wurde u. a. der ehemals eingebaute 2-l-Motor gegen einen 2,7-l-Sechszylinder ausgetauscht und die Sportomatic fiel zugunsten eines Fünfgang-Getriebes weg. Rundherum spendierte der neue Besitzer Dan Burns dem 911-Viersitzer 7 x 15-Zoll-Felgen und eine leistungsfähige Klimaanlage aus einer Audi-Limousine, sowie eine neue Lackierung.

**1967 von W. Dick (USA) in Auftrag gegeben: viertüriger Porsche 911. Mit hinten angeschlagenen zusätzlichen Türen insgesamt 53 cm länger ▷**

Strenggenommen, gehören auch die Sportwagen aus der Wuppertaler Firma Drews nicht in dieses »Porsche-Sondertypen«-Buch. Aber von Drews gab es Anfang der 50er Jahre zumindest einmal ein Coupé mit Porsche-Aggregat – doch der Reihe nach.
Die drei Brüder Gerhard, Erwin und Werner Drews hatten bereits 1947 einen Wagen gebaut, mit dem Emil Vorster einen nationalen Meistertitel im Motorsport erringen konnte.
Für ihr kurz danach entstandenes Sport-Cabriolet nahmen sie, wie viele zur damaligen Zeit, eine komplette VW-Bodengruppe und die entsprechende Mechanik. Die neue Karosserie wurde von Hand gearbeitet und der tragende Unterbau zusammengeschweißt. Der hohe handwerkliche Arbeitsanteil ließ dabei die Kosten für einen »Drews« auf etwa 10.000 Mark steigen – damals eine schöne Stange Geld.
Durch Rationalisierung in einer Kleinserie von etwa 10 Einheiten je Block ließen sich zumindest diese Kosten gewaltig reduzieren. Da Innenausstattung, Armaturen und auch die Technik nahezu identisch vom Volkswagen übernommen wurde, blieben auch die Fahrleistungen fast unverändert, obwohl ein »Drews« etwas leichter als der Käfer war.
Unter den bis 1951 rund 150 gebauten Drews-Cabriolets befand sich ein Coupé, das außerdem noch den Porsche 356-A-Motor eingebaut bekommen hatte.

**Die Brüder Drews begannen 1947 einen eigenen (VW)-Sportwagen zu bauen. Von 1947-1951 sind ca. 150 »Drews«, auch mit Porschemotor, entstanden**

Die Durchström-Turbine (Typ 291) war in erster Linie zur Ausnützung von Kleinwasserkräften bestimmt. Sie war daher zum Antrieb von Sägewerken, Mühlen, landwirtschaftlichen Maschinen und auch zur Stromerzeugung geeignet.

Dem Wasserrad gegenüber besaß der Typ 291 den Vorteil einer bedeutend höheren Drehzahl, weshalb u. a. viel weniger Leistung unnütz verbraucht wurde. Der hohe Wirkungsgrad wurde auch bei starker Verringerung der Wassermenge weitgehend beibehalten.

Die Durchström-Turbine 291 wurde in zwei Baumustern, nämlich 291/1 und 291/2 hergestellt, die einen Leistungsbereich von 4 bis 40 PS abdeckten. Für ein Gefälle von beispielsweise fünf Meter lag dabei die Grenze zwischen den beiden Baumustern bei einer Leistung von etwa 11 PS, die Drehzahl betrug etwa 160/min. Die Baumuster wogen zwischen 240 und 295 Kilogramm.

Die Turbine 291 war im wesentlichen aus miteinander verschweißten Stahlblechteilen aufgebaut und das Laufrad, ebenfalls geschweißt, lief auf Kugellager. Die Wartung beschränkte sich auf das tägliche Nachziehen der an den Lagerkörpern vorgesehenen Schmierbüchsen und auf ihr Nachfüllen.

Die Durchström-Turbine 292 (1-3) war eine leistungsstärkere Ausführung, die bei einem Gewicht von 450 bis 850 Kilogramm zwischen 4,5 und 65 PS Ausgangsleistung lieferte.

**Durchström-Turbine (Typ 291) zur Ausnutzung von Kleinwasserkräften**

# Utilise your Waterpower

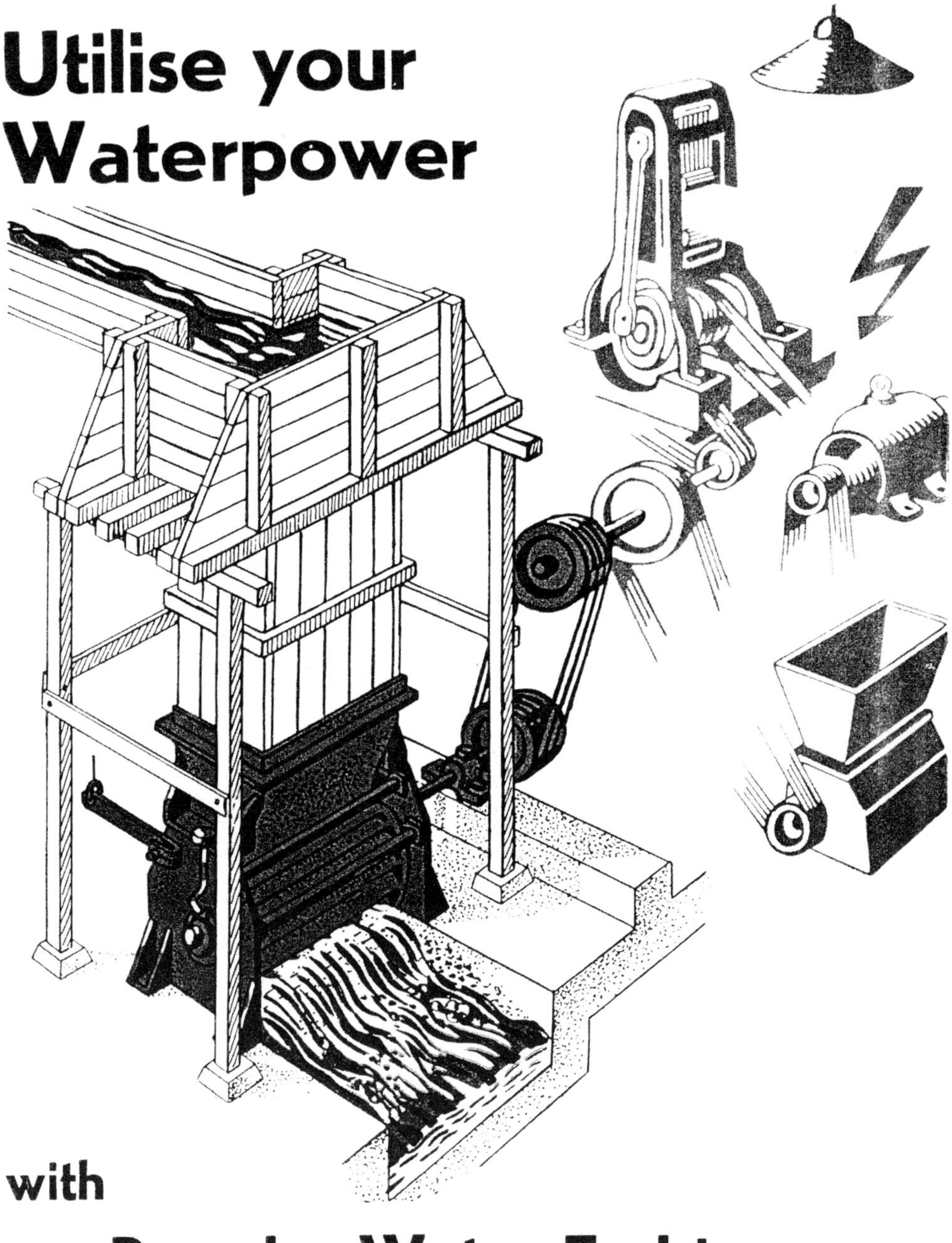

## with

# Porsche Water Turbines

Schema-Zeichnung für den Einsatz der Turbine, Typ 292-I, II und III

# DURLITE-PORSCHE

*550-Motor*

Der Durlite Mark III entstand eigentlich aus einer Verlegenheit. Bob Webb hatte Ende August 1959 seinen Original Porsche Spyder bei einem Rennen beschädigt und sah sich aus finanziellen Gründen nicht in der Lage, einen neuen Spyder zu kaufen. Doch es fanden sich ein paar Freunde und kleinere Geldzuwendungen, die es ihm ermöglichten, den Bau eines eigenen Rennsportwagens in Angriff zu nehmen, in welchen dann der intakte Viernockenwellen-Porschemotor eingesetzt werden sollte.

Ein Rohrrahmen-Chassis wurde aus Chrom-Moly-Stahl dem Original nachgebaut, die Karosserie aus Aluminium gefertigt. Ein mit Plastik verkleideter Tank aus Alu fand seinen Platz direkt neben dem Fahrersitz. Der Porschemotor wurde auf 1600 $cm^3$ gebracht, damit er exakt in die E-Klasse der Rennsportwagen-Kategorie paßte. Mit Leichtgewicht-Mahle-Kolben und weiteren Veränderungen, wie anderen Vergasern, brachte der Motor bei einer Verdichtung von 9,8:1 zwischen 140 und 165 PS. Der Neuaufbau, die Verbesserungen und Änderungen des ehemaligen Porsche Spyder RS kosteten 1959/60 gut 2500 Dollar, erheblich unter dem, was ein neuer Spyder Bob Webb gekostet hätte – und konkurrenzfähig war er zudem in seiner Klasse.

Im Rahmen einer kleinen Feierstunde wurde im Oktober 1974 dem Deutschen Museum in München ein Fahrzeug besonderer Art übergeben: ein Porsche 911 S mit unlackierter Karosserie aus rostfreiem Edelstahl.
Der silbern schimmernde 911 S hatte nach sieben Jahren harten Einsatzes das Ende seiner Demonstrations-Dienstfahrt erreicht. Von der Vorstellung des Rostfrei-Porsche auf der IAA 1967 bis zur Übergabe an das Museum hatte Heinz Todtmann, Geschäftsführer der Informationsstelle Edelstahl Rostfrei, diesen ansonsten vollkommen serienmäßigen Porsche 150.000 Kilometer im In- und Ausland gefahren.
Der Rostfrei-Porsche war nur ein Prototyp, der in dieser Form auch nie in Serie gegangen wäre. Es ging bei diesem Fahrzeug nur um die Demonstration der Zuverlässigkeit des Materials.

**Porsche 911 mit Edelstahl-Karosse: 1967-1974 rd. 150.000 km im Test**

Elva, eine kleine, aber aktive Firma in Essex/England, baute Anfang der 60er Jahre ausgezeichnete Sportwagen, die sich speziell in der Renn-Kategorie bis zwei Liter Hubraum einen guten Namen gemacht hatten.
Aus diesem Grund schien einigen aktiven Rennfahrern in Amerika dieser Elva gerade gut genug, ihn in die USA zu holen und dort mit einem Porsche-Rennmotor zu versehen.
Die Rennmotoren-Abteilung bei Porsche versprach Mithilfe und entwickelte den Vierzylinder-Motor für den Einsatz im Elva-Chassis weiter. Dieser Motor leistete bei knapp 1,7 Liter Hubraum und einer Verdichtung von 11:1 stramme 183 PS bei 7800/min. Optischer Unterschied zum normalen Vierzylinder-Rennmotor: das horizontal über dem Motor liegende Kunststoffgebläserad – wie beim Formel 1-Triebwerk – und die 44-mm-Weber-Vergaser. Das Mark VII-Chassis des Elva mußte zur Aufnahme des Porsche-Motors verändert werden, so wurden u. a. Öl- und Benzintank verlegt, das Cockpit geändert und ganz besonders der hintere Teil des Rohrrahmens erweitert. Da der Elva mit 13-Zoll-Räder bestückt war (vorn 6, hinten 7 Zoll breit), mußte auch das Fünfgang-Renngetriebe von Porsche angepaßt werden. So modifiziert, beschleunigte ein Elva-Porsche aus dem Stand in ca. 5 Sekunden auf die 100 km/h-Marke und war rund 260 km/h schnell.
Es dauerte bis Ende 1963, Anfang 1964, ehe die ersten Kunden in Amerika den umgebauten Elva mit Porsche-Triebwerk in Empfang nehmen konnten, für über 10.000 Dollar das Exemplar.
1964 tauchte in der Europa-Bergmeisterschaft ein sehr leichter Elva Mark VII mit einem Porsche-Achtzylinder-Rennmotor (Typ 771) im Heck auf. Porsche hatte Befürchtungen, mit dem eigenen, etwas schweren Berg-Spyder die Konkurrenz von BMW und Ferrari nicht halten zu können. Und tätsächlich gewann Edgar Barth, der diesen Elva-Porsche fuhr, das Eröffnungsrennen der Saison am Roßfeld, vor Herbert Müller, der den Werks-Spyder (Typ 718) von Barth pilotierte.
Weil der Elva-Porsche trotz des Erfolges im Handling nicht überzeugte – der Rahmen war wohl für diese Belastungen etwas zu weich –, stieg Barth für die nächsten Rennen wieder auf seinen Spyder um und Müller fuhr den Elva-Porsche. In dieser Reihenfolge belegten sie auch die Plätze in der internationalen Meisterschaft. Siebter wurde hier Sepp Greger, der einen Elva mit Vierzylinder-Porschemotor fuhr.

**Das Mark VII-Chassis von Elva/GB wurde dem Porschemotor angepaßt**

**Vierzylinder mit 1,7-l-Hubraum, Weber-Vergaser und 183 PS bei 7800/min**

Seit Ende November 1981 vertreibt der VAG- und Porsche-Händler Strähle in Schorndorf (Nähe Stuttgart) den Typ 356 C in Coupé- und Cabriolet-Ausführung als Replica.
Der wirklich exellente Nachbau (»Replica«) entstand in Zusammenarbeit mit einer renommierten brasilianischen Karosserie-Firma. Egal ob geschlossen oder offen: Die Karosserie ist aus Kunststoff und die Technik basiert im wesentlichen auf VW-Käfer-Mechanik, ebenfalls Made in Brasilia.
Verblüffend ist die Treue zum Original-356 und die liebevolle Ausführung der Details. In der Normalausführung ist der »Envemo Super 90« mit einem 1,6-l-Boxermotor von 50 PS Leistung ausgerüstet. Gegen Aufpreis gibt es sogar eine 1,8-l-Version (75 PS), die diesen Porsche-Verschnitt in 14 Sekunden auf 100 km/h beschleunigen und eine Spitze von 168 km/h erreichen läßt. Coupé und Cabriolet entsprechen allen gültigen EG- und nationalen Sicherheitsnormen. Die Verkaufspreise beginnen bei 32.000 Mark.

**Nachbau des 356 C, als Coupé und Cabriolet, von Envemo aus Brasilien**

**Der Porsche »Super 90« hat 50 (VW)-PS und Originaltreue bis ins Detail**

Egon Evertz aus Solingen, begeisterter Amateur-Rennfahrer auf verschiedenen Porsche-Typen, wollte es genau wissen. Für die Individualisten unter den Automobilkäufern wollte er, zusammen mit einem Design-Team, etwas ganz Besonderes anbieten. Bei diesem Vorhaben hatte Evertz zwar die Porsche-Kunden im Auge, versuchte sich aber erst einmal mit einem »Evex 1« getauften 2+2-Sportwagen in der VW-Klasse.

Auf der Bodengruppe eines Volkswagens sowie Getriebe, Lenkung und modifiziertem 2-l-Motor (120 PS!) entstand ein kombihaftes Kunststoff-Coupé. Die weiteren Papierdaten: 3,95 Meter lang, 1,12 Meter hoch und bei einem Fahrgewicht von 800 Kilogramm 200 km/h schnell. Trotz des Optimismuses von Firmen-Chef Evertz blieb der »Evex 1« im wesentlichen ein Prototyp. Das hinderte ihn aber nicht, 1978 seinen »Evex 2« vorzustellen, der jetzt endlich eine Entwicklung auf Porsche-Basis darstellte. Nach eigenen Aussagen war der Entwurf und Bau des kombinierten Kunststoff-Metall-Wagens eine logische Entwicklung aus dem »Evex 1«.

Auf der technischen Basis des Porsche 911 SC mit 3-l-Sechszylindermotor, gab es zum Komplett-Preis von 71.000 Mark größere Umbauten im Bereich von Bug, Heck und Kotflügeln. Der Umbau allein, bei angeliefertem Wagen, sollte gerade 22.000 Mark kosten, wobei aber nach oben durch diverses Sonderzubehör keine Grenzen gesetzt waren. Aber trotz gelungener Form, es blieb ein Wunsch von Herrn Evertz, auch unter den Autoveredlern Erfolg zu haben.



**Mitte der 70er Jahre der erste Versuch von Egon Evertz, der »Evex 1«**

Evex 1: VW-Bodengruppe, VW-Mechanik, 120 PS, 800 kg und 200 km/h

Evex 2 folgte 1978 auf der Basis des Porsche 911 SC mit 3-l-Motor



Größere Umbauten im Bug- und Heckbereich für nur rund 22.000 Mark

Eine technisch sehr interessante Lösung stellte der US-Industrielle Lou Fageol Anfang 1954 in Europa vor: einen auf Zweimotorantrieb umgebauten Porsche 356! Laut Fageol sollte der Bimotor-Porsche mit seinen zwei 1,5-l-Triebwerken unabhängig von der Mehrleistung auch eine bessere Kurvenlage und Straßenhaftung haben. Fageol hatte zusätzlich dem Original-Porsche 356 unter der Fronthaube den zweiten Motor eingepflanzt und dabei natürlich auch die Karosserie anpassen müssen. Dies war für Fageol übrigens nicht der erste Zweimotorwagen. Schon 1946, zum weltbekannten Indianapolis-Rennen, hatte er einen 2-Motor-Rennwagen gebaut. Er bestand aus zwei Meier-Drake-Triebwerken mit je 1,5-l-Hubraum und Kompressoraufladung. Der Fahrer dieses Wagens konnte sich sogar für die erste Startreihe qualifizieren, fiel aber schon nach wenigen Runden durch Unfall aus.

Der Bimotor-Porsche war nach 1952 der zweite Versuch mit einem Porsche-Sportwagen. Die diesmal recht ansehnlich gelungene Spezialkarosserie konnte als Roadster oder Coupé gefahren werden, denn das Hardtop ließ sich schnell entfernen.

Beim Bimotor-Porsche trieb der vordere Motor die Räder über Rezeppa-Universalgelenke an. Außerdem kamen Porsche-Radnaben sowie ein abgestimmtes Differential zum Einbau. Die Federung entsprach vorn und hinten dem Original-Porsche 356, verstärkt mit doppelt wirkenden Teleskop-Stoßdämpfern. Die Kraftübertragung besorgten zwei Porsche-Synchron-Getriebe.

Beide Motoren hatten im Innenraum des Wagens gemeinsame Hebel für Gas, Getriebe und Kupplung. Differenzen in den Motordrehzahlen wurden praktisch nur durch den Schlupf des jeweiligen Radpaares ausgeglichen. An den vier Rädern waren Reifen des Formates 6,50 x 15 montiert.

Die Gesamtleistung beider Aggregate ergab zusammen 144 PS. Mit der eingebauten Hinterachsübersetzung, bei einem fahrfertigen Gewicht von 750 Kilogramm, sollten 205 km/h Höchstgeschwindigkeit erreicht werden.

# FAHRRAD-WELTREKORD

Im Frühjahr 1978 sollte ein Porsche 935 unter dem französischen Rennfahrer Henri Pescarolo Schrittmacherdienste leisten, um einen Radrennfahrer zu einem neuen Höchstgeschwindigkeits-Weltrekord zu verhelfen.
Schon immer haben die rekordsüchtigen Zweirad-Piloten schnellere Mobile benutzt, um in ihrem Windschatten zu besseren Leistungen zu kommen. So schaffte schon 1899 der Amerikaner Charles Murphy hinter einer Schnellzug-Lokomotive 101,78 km/h! Gut ein halbes Jahrhundert später fiel die nächste Schallmauer: Der Franzose José Meiffret erreichte auf der Autobahn bei Freiburg hinter einem Mercedes 300 SL mit Spezialaufbau 204,778 km/h.
Wieder ein Franzose wollte die Bestmarke auf über 250 km/h setzen. Jean-Claude Rude konnte für sein Vorhaben die Porsche-Techniker überzeugen, ihm einen der Werks-935 mit angesetztem Käfig am Heck für sein Rekordvorhaben zu bauen.
Bei ersten Probeläufen auf der Versuchsbahn von Volkswagen in Ehra-Lessin wurden auf Anhieb über 170 km/h erreicht. Dabei konnte auch das Problem der unglaublich großen Übersetzung gelöst werden. Rude wurde von einem Motorradfahrer über eine Lanze angeschoben, bis er selber Tritt faßte. Eine Umdrehung des vorderen Zahnkranzes ist nämlich gleichzusetzen mit einem Weg von 27 Metern.
Am 22. August 1978 fanden sich die Akteure zu einer Lagebesprechung in einem Hotel in Wolfsburg ein. Eine Autobahn in Frankreich, die für den Rekordversuch geeignet gewesen wäre, hatte sich nicht gefunden. So sollte, wie schon beim Vortest, der Rekord auf dem VW-Versuchsgelände durchgezogen werden.
Am nächsten Morgen lief der Versuch planmäßig an, doch Rude hatte Pech: Bei etwa 170 km/h platzte der Hinterreifen an seinem Zweirad und nur mit Mühe konnte der Franzose einen spektakulären Sturz verhindern. Auch der anschließende Versuch, den Stunden-Weltrekord mit etwas über 130 km/h zu brechen, scheiterte wieder an einem Reifendefekt. Beide Male hatte sich die verklebte Gummidecke von der Felge gelöst. Rude gab auf und wagte sich auch später nicht mehr an dieses Projekt.

Die Versuche von Jean-C. Rude scheiterten bei 170 km/h nach mehreren Reifendefekten

Der Weltrekordversuch für Fahrräder startete 1978, hinter einem »935«



Der Spezial-935 mit angesetzter, aerodynamischer Windschutzkabine

Seit etwa Mitte 1981 wird bei Porsche ein abgeänderter Vorderwagen – Flachbau genannt – angeboten. Dabei werden allerdings nur für den 911 Turbo, die Vorderkotflügel abgeändert, die Stoßstange und der Spoiler durch ein neues Bugteil ersetzt. Es enthält zwei Doppelscheinwerfer mit Scheinwerfer-Reinigungsanlage, die Blinker und einen Lufteinlaß für Mittelölkühler und Kondensator der Klimaanlage. Die Kotflügel bleiben dabei in verzinkter Stahlausführung, während das Bugteil aus glasfaserverstärktem Kunststoff (GFK) gefertigt ist. Hinzu kommen verbreiterte Türschweller-Verkleidungen, die einen eleganten Übergang zwischen Vorder- und Hinterkotflügel schaffen – auch diese aus verzinktem Stahlblech.

Ebenfalls angeboten werden zwei seitliche Lufteinlässe an den hinteren Kotflügeln. Sie verändern nicht nur die Optik, sondern leiten über einen Luftkanal zusätzliche Luft an die Hinterrad-Bremsen, Reifen und Motor.

Wem die Doppelscheinwerfer in der Stoßstange nicht gefallen, der kann auch Klapp-Scheinwerfer in den abgeflachten Vorderkotflügeln eingebaut bekommen. Dieser Einbau ist allerdings nicht einfach, da Gestänge und Stellmotor zusätzlichen Platz im Kofferraum beanspruchen.

Selbstverständlich werden alle Änderungen eingetragen und sind TÜV-abgenommen. Je nach Aufwand kosten diese Umbauten zwischen 20 und 30.000 Mark.



**Kaufmann: Turbo-Frontumbau mit Scheinwerfern im Frontspoiler (1981)**

**Porsche-Kremer: Front- und Heckgestaltung im Rennwagen-Look (1982)**



**Porsche: Flachbauversion nach Art des Hauses, ab 20.000 DM (1983)**

# FLUGMOTOREN *Typen 70/72/678/702/PFM 3200*

Mit der Luftfahrt-Technik ist der Name Porsche weit länger verbunden, als das Unternehmen gleichen Namens existiert. So sind Ideen für einen Flugmotor von Professor Porsche bereits aus dem Jahre 1908 bekannt. Luftschiffe mit Motoren von Austro-Daimler stiegen danach in die Lüfte – Technischer Direktor dieser Firma aus Wiener Neustadt war Porsche.

Das Porsche-Konstruktionsbüro zeichnete erstmals 1935/36 Flugmotoren. So unter anderem einen 32-Zylinder-Sternmotor, wassergekühlt, mit 17,7 Liter Hubraum (Typ 70). Fast zur selben Zeit entstand ein 16-Zylinder-V-Motor, ebenfalls wassergekühlt, mit 19,7 Liter Hubraum (Typ 72). Für seine Flugmotoren-Entwicklungen wurde Professor Porsche sogar besonders geehrt.

Aber nicht alle Flug-Aggregate aus dem Büro von Porsche hatten solche gigantischen Hubraummaße. 1943 startete ein Nurflügel-Flugzeug mit einem 33 PS-Volkswagen-Motor und Druckschraube. Der Motor war im Rumpf hinter der Pilotenkanzel eingebaut und trieb über Keilriemen die faltbare Luftschraube des Motorseglers an. Ein elektrischer Anlasser gestattete beliebiges Abstellen und Starten des Motors auch während des Fluges. Die Höchstgeschwindigkeit dieses »Porsche-Motorseglers« lag bei etwa 140 km/h.



**Flugmotor Typ 70: 32 Zylinder Sternmotor mit 17,7 Liter Hubraum**

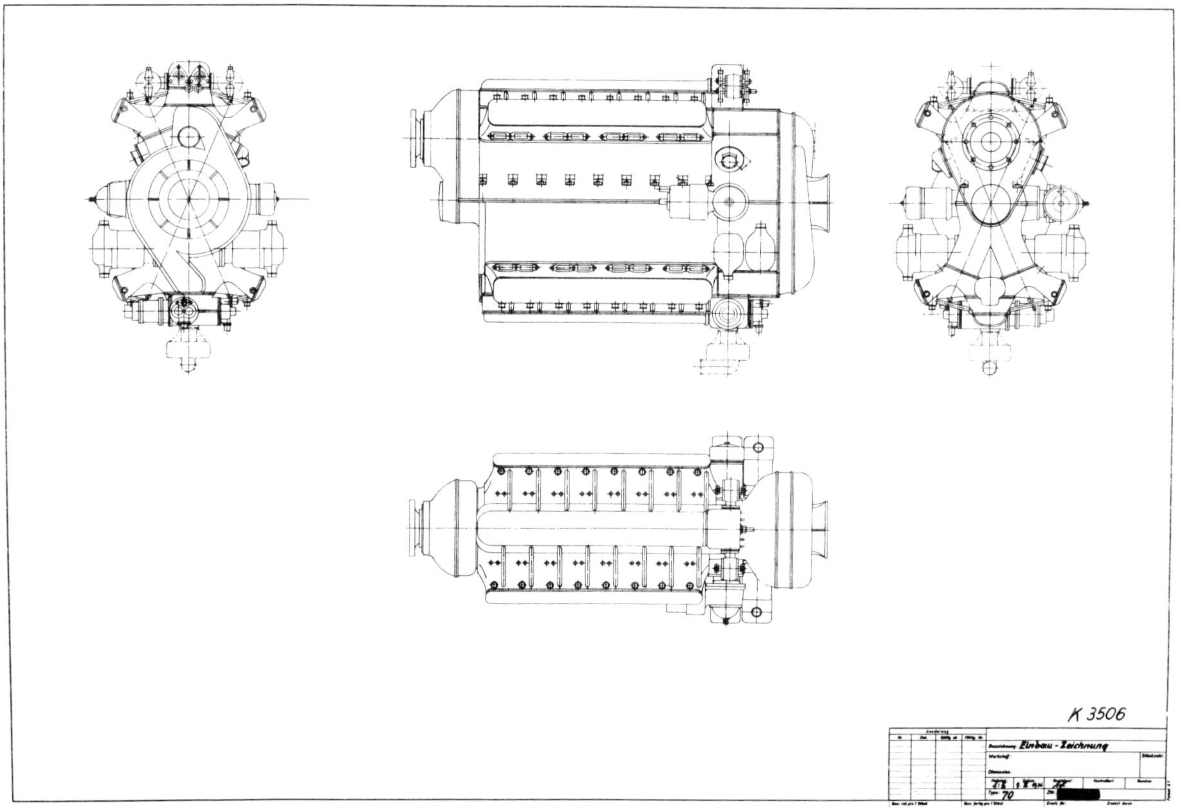

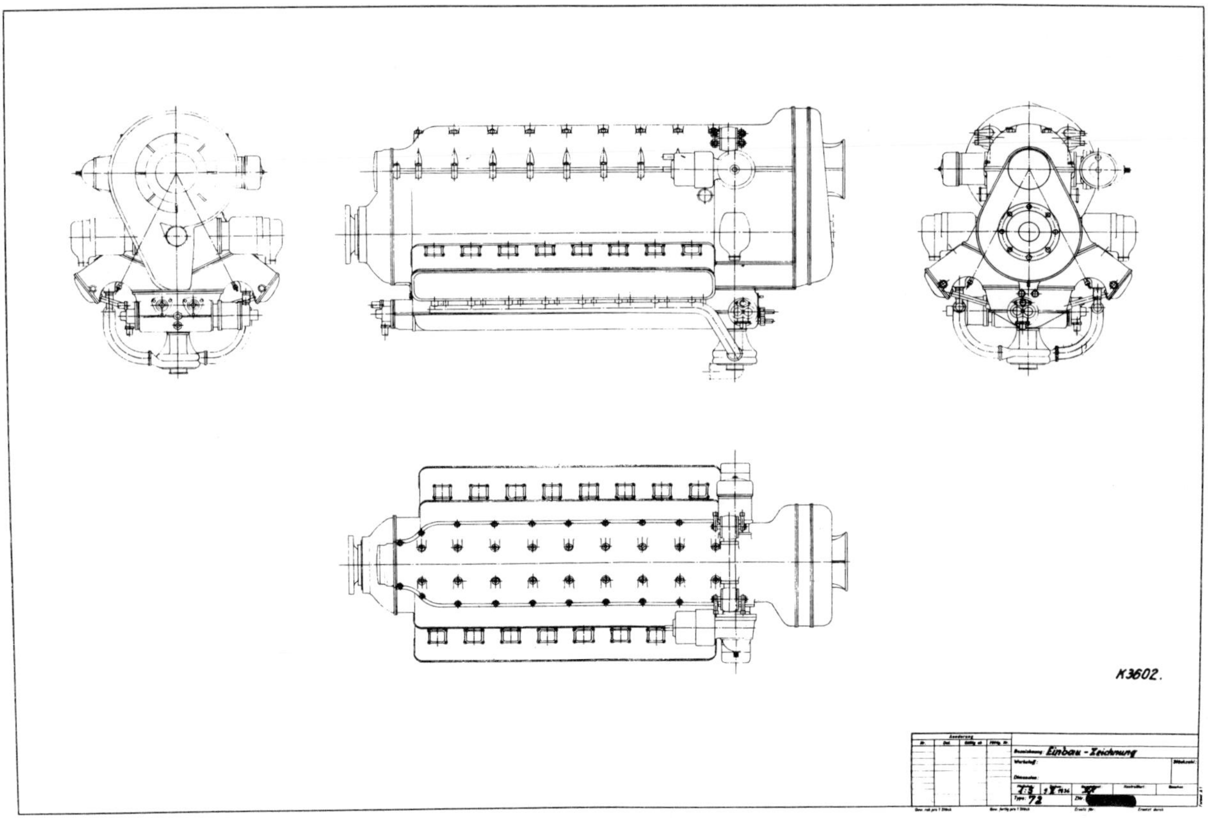


**1936 gezeichnet: 16 Zylinder-V-Flugmotor mit 19,7 Liter (Typ 72)**

**1959 vorgestellt: Flugmotor 678/1 mit 55 Dauer-PS, 106 kg, 4940 DM**

Über zwölf Jahre dauerte es, bis die Porsche-Techniker erneut in der Flugbranche aktiv wurden. Anläßlich der Deutschen Industrie-Messe 1959 zeigte das Haus Porsche auf dem Flughafen Hannover-Langenhagen sein aktuelles Flugmotoren-Programm. Speziell der Typ 678/4 mit einer Startleistung von 75 PS fand dabei besonderes Interesse.

Zwei Flugzeuge waren flugfertig mit Porsche-Triebwerken ausgerüstet und wurden auch praktisch vorgeführt: Die RW 3-Multoplane mit dem Porsche Flugmotor 678/4 und die Elster von Pützer mit dem Motortyp 678/1 – beide Maschinen einmotorig und zweisitzig.

Nach mehr als dreijähriger Prüfstand- und Flugerprobung gab es vom Porsche-Flugmotor nun vier Varianten. Sie waren luftgekühlt, entweder mit Gebläsekühlung oder durch Fahrtwind. Alle Versionen waren mustergeprüft und damit international zugelassen. Motorüberholungen waren nach 600 Betriebsstunden vorgesehen.

Die besonderen Vorzüge dieser Porsche-Flugmotoren: hohe Neigungsunempfindlichkeit, Startfreudigkeit unter allen klimatischen Bedingungen, Temperatur-Unempfindlichkeit, vielseitiger Einbau durch verschiedene Kühlsysteme und anspruchslose Wartung, sowie geringe Abmessungen.

Die Konstruktionsmerkmale: Vierzylinder-Viertakt-Vergasermotor, je zwei Zylinder gegenüberliegend (Prinzip Boxer); Bohrung/Hub 82,5 mm x 74,0 mm; Hubraum 1582 $cm^3$. Elektrische Anlage 12 Volt; zwei Zündkerzen je Zylinder; Naßluftfilter. Ventilsteuerung über Stößelstangen und Kipphebel; je Zylinder ein Aus- und Einlaßventil hängend. Betrieb mit Flugkraftstoff ROZ 80.

**Typ 678/3: 50 PS Dauerleistung, luftgekühlt, zwei Vergaser, 4115 DM**

Die Porsche-Flugmotoren-Palette im Detail: Typ 678/1: Startleistung 65 PS bei 4500/min und rund 21 Liter Verbrauch in der Stunde. Dauerleistung 55 PS bei 4200/min und ein Verbrauch von 17 l/h. Kühlung durch Fahrtwind; ein Doppel-Fallstrom-Vergaser; wahlweise Doppel-Batterie- oder Doppel-Magnet-Zündung; Trockensumpfschmierung; Verdichtung 7,5:1. Gesamtgewicht ohne Öl ca. 106 kg; Preis 4940 Mark.

Typ 678/3: Startleistung 52 PS bei 3200/min und 16,5 Liter Verbrauch pro Stunde. Dauerleistung 50 PS bei 3150/min und 15,5 l/h. Kühlung durch Fahrt-

**Flugmotor 678/4:**
**70 Dauer-PS,**
**Radialgebläse, zwei**
**DF-Vergaser, 5860 DM**

**Einmann-Hubschrauber von Gyrodyne/USA mit Porsche-Flugmotor Typ 702**

**Luftschiff Aerospace AD 500 (England) mit zwei Porsche 911 SC-Motoren**

wind; zwei Spezial-Vergaser; Handanlaß-Vorrichtung; Hochspannungs-Magnet-Doppelzündung; Ölsumpfschmierung. Gesamtgewicht ohne Öl ca. 85 kg. Preis 4115 Mark.

Die Ausführung 678/3A hatte eine 12-V-Lichtmaschine und einen elektrischen Anlasser und kostet deshalb 230 Mark mehr.

Typ 678/4: Startleistung 75 PS bei 4600/min und ca. 24 Liter Verbrauch pro Stunde. Dauerleistung 70 PS bei 4500/min und ein Verbrauch von 22 l/h. Kühlung durch Radialgebläse mit Doppelkeilriemenantrieb; Flachröhrenkühler im Gebläseluftstrom; zwei Doppelfallstrom-Vergaser; elektrischer 12 V-Anlasser; Trockensumpfschmierung; Doppelbatterie-Zündung oder Doppelmagnet-Zündung; Verdichtung 9,0:1. Gesamtgewicht ohne Öl ca. 112 kg. Preis 5860 Mark.

Dieser Typ kam 1959 auf den Markt und ersetzte den Typ 678/0, der dann nicht mehr gebaut wurde.

Die erste Verbindung von Porsche-Motoren in Hubschraubern datiert nicht etwa aus den frühen 60er Jahren, sondern aus dem Jahre 1918! In den letzten Monaten des ersten Weltkrieges hatte Professor Porsche – damals Generaldirektor von Austro-Daimler – für die Österreichische Flugzeugfabrik einen Helikopter konstruiert.

Allerdings ist dieser Hubschrauber nie geflogen, aber eine Reihe von Vorversuchen konnten durchgeführt werden. Porsches damalige Idee: Ein Hubschrauber muß durch einen Motor angetrieben werden, der ein besonders günstiges Leistungsgewicht hat, sonst kommt man nicht auf die geforderten Flugleistungen. Porsche entwarf dazu einen Elektromotor, der bei 250 Kilogramm Eigengewicht 300 PS abgab – eine für damalige Zeit erstaunliche Leistung.

Gut 40 Jahre später tauchte wieder ein Hubschrauber auf: ein Ein-Mann-Helikopter der amerikanischen Firma Gyrodyne, ausgerüstet mit dem Porschemotor (Typ 702). Auf dem Pariser Aerosalon 1961 hatte dieses Modell Premiere und gewann dort auf Anhieb einen speziell für diese Art von Hubschrauber ausgeschriebenen Leistungsvergleich.

Wieder 20 Jahre später absolvierte »AD 500« seinen Probeflug. Das britische Unternehmen »Aerospace Developments London« hatte ein neuartiges Luftschiff entwickelt, angetrieben von zwei Porsche 911 SC-Motoren.

AD 500 ist mit 115 km/h Höchstgeschwindigkeit zwar langsamer als jeder Porschewagen auf der Straße, aber schneller, kleiner und leichter als jedes bekannte Luftschiff. Dennoch übertrifft die Tragfähigkeit mit 2,5 Tonnen und die Reichweite von 24 Stunden andere Gefährte dieser Art. Schon ab einer Flughöhe von 160 Meter ist dank der leisen Porsche-Aggregate das Luftschiff vom Boden her nicht mehr zu hören. Bei einer Reisegeschwindigkeit von 77 km/h entwickeln die 911 SC-Motoren nur eine Lautstärke von 60 dB.

Die Luftschiffhaut des AD 500 besteht aus verstärktem Polyester, ist zusätzlich mit Polyurethan beschichtet und mit nicht explosivem Helium gefüllt. Die untergehängte Gondel aus Kunststoff nimmt bis zu 14 Passagiere auf.

Die 911 SC-Motoren entsprechen nahezu dem Serienstand, wobei im wesentlichen nur die Benzineinspritzanlage (K-Jetronic) der maximalen Flughöhe von 10.000 Meter angepaßt wurde.

Und die Entwicklung auf dem Flugmotorensektor geht weiter: Nach zweijähriger Arbeit an dem luftgekühlten Sechszylinder Porsche-Flugmotor »PFM 3200« hat im September 1983 die Flugerprobung begonnen. Die notwendige Musterprüfung für den Einsatz in der Luft ist für Mitte 1984 vorgesehen.

Um den verschärften allgemeinen Vorschriften zu genügen, mußte der 911-Motor nun einige Modifikationen über sich ergehen lassen. Das Luftfahrt-Bundesamt verlangt so zum Beispiel, daß alle elektrischen Systeme doppelt vorhanden sein müssen. Also erhielt der 911-Motor eine zweite Zündkerze in den Serien-Zylinderkopf, eine zweite, getrennt arbeitende Lichtmaschine und doppelte Batterie-Spulenzündungen. Den Nockenwellenantrieb änderte man von Kette auf Stirnräder und die Kolben mußten leicht modifiziert werden. Natürlich ist sichergestellt, daß der Motor ausreichend Frischluft über ein leistungsstarkes Gebläse erhält.

Diese diversen Modifikationen verringerten die ursprüngliche Leistung des 911-Motors von 230 auf 210 PS. Unter Vollastbedingungen verbraucht dieses Triebwerk etwa 40 Liter die Stunde – tankstellenübliches Superbenzin. Die ersten Tests in einer Cessna 182 verliefen zur allgemeinen Zufriedenheit.

**Nach den Modifikationen für den Flugbetrieb hat der 6 Zylinder 210 PS**



**Tests in einer Cessna 182 ergaben: 40 l Superbenzin unter Vollast**

Der Auftrag des Bundesministers für Forschung und Technologie (BMFT) an Porsche, einen Sportwagen für die Zukunft zu erarbeiten, führte zum »Porsche 995«. Das Ergebnis konnte sich sehen lassen: Der Porsche 995 lag in allen seinen untersuchten Kriterien wie Gewicht, Stirnfläche, Grundfläche und Kraftstoffverbrauch unter den vergleichbarer Limousinen.

So erreichte der 995, der Mitte 1979 vorgestellt wurde, einen Mittelverbrauch von nur 8,3 Liter für 100 Kilometer. Dies konnte erreicht werden, ohne die Fahrleistung zu verringern, durch Optimierung des Antriebsaggregates, der Kraftübertragung, Aerodynamik und Gewicht.

Aus der Untersuchung zum Zukunftssportwagen ergab sich das Konzept eines kompakten, strömungsgünstigen Fahrzeuges mit Aluminium-Karosserie und einem Luftwiderstandsbeiwert von nur noch 0,30 Cw.

Im Abschluß-Konzept sind zwei Motoren als Antrieb alternativ vorgeschlagen, wobei bei allen Überlegungen der Ottomotor eindeutig den Vorzug erhielt: ein Vierventil-Vierzylindermotor mit 2,2-l-Hubraum und sehr günstigen Abgasemissionen. Außerdem ein Achtzylinder-V-Motor mit einem Hubvolumen von nur drei Liter. Um diese Aggregate stets im besten Wirkungsgrad arbeiten zu lassen, erwies sich ein automatisches Schaltgetriebe mit zwei mechanischen Kupplungen, mit Gangwechsel ohne Gaswegnahme, als ideal.

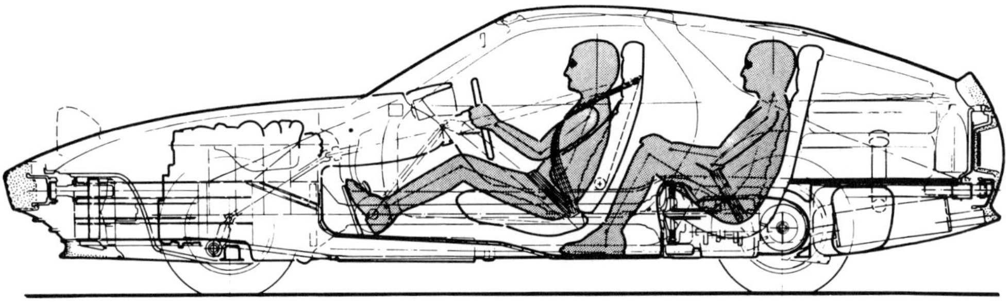

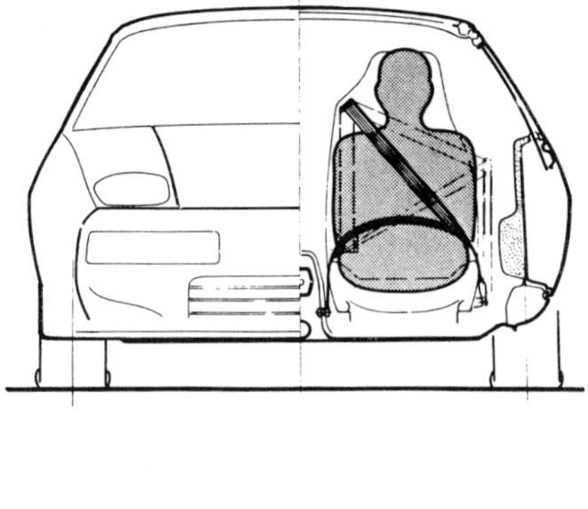

**Eine Studie für einen Sportwagen der Zukunft mit neuer Technik (1979)**

# FRUA (Hispano-Aleman)

*914-6-Basis*

Im Auftrag des spanischen Porsche-Importeurs Verne Ben Heidrich baute Frua einen Prototyp auf der Basis des VW-Porsche 914-6 für den Genfer Salon 1971.
Heidrich plante die Erstellung einer Kleinserie dieses »Hispano-Aleman« zum Stückpreis von ca. 35.000 Mark. Dieser Frua-Porsche hatte große Glasflächen, konventionelle Türen und vor den Hinterrädern Lufteinlaßschlitze.
Aber schon auf dem Stand in Genf gab es zwischen Auftraggeber und Designer Streit um die Rechte am Entwurf. Frua protestierte dagegen, daß die Nachbaurechte von Heidrich an Porsche weitergegeben werden sollten. Eine Serie von juristischen Streitereien begann, die erst 1976 beendet wurde – mit Vorteilen für Heidrich.

**Auf der Basis des Porsche 914-6: Karosserie-Studie von Frua von 1971**

Im amerikanischen Bundesstaat Colorado ist der Pikes Peak mit 4301 Meter Höhe nur einer von vielen Bergen der Rocky Mountains, doch ist Pikes Peak ein besonderer Felsen. Über 60 mal fand hier bisher das größte und wohl auch ungewöhnlichste Bergrennen der Welt statt. Nur wenige Europäer haben sich hierher gewagt, und so ist dieses Rennen immer eine Domäne der Einheimischen gewesen. Fast alle großen US-Rennfahrer haben sich mindestens einmal an der Bergstrecke versucht, die auf einer Länge von knapp 20 Kilometer fast 1500 m Höhendifferenz überwindet.

1975 versucht die Tuningfirma Garretson erstmals mit einem Spezialwagen, in dem ein aufbereiteter 914-4-Motor arbeitete, einen Start. Zwar lief das Training gut, aber durch einen Unfall während der Qualifikation kam es nicht zu einem Rennstart. Trotzdem nahm Garretson 1976, diesesmal mit vier Wagen, einen neuen Anlauf.

In die technisch robusten und einfachen Einsitzer bauten die Garretson-Mechaniker einen getunten 914-6-Motor ein. Bei einem Hubraum von 2368 $cm^3$ und einer Verdichtung von 11,5:1 betrug die Leistung runde 200 PS. Nach der Qualifikation lagen drei Garretson-Porsche hinter Bobby Unser jr. auf den Plätzen zwei bis vier. Das Rennen am 4. Juli 1976 gewann mit einer hervorragenden Zeit Rick Mears vom Garretson-Team. Sein Bruder Roger Maers fiel mit Antriebswellendefekt aus, während der dritte Teamfahrer Garry L. Kanawyer Gesamtachter – nach Schaltproblemen – wurde. Mears blieb bei seinem Sieg nur rund 18 Sekunden über dem offiziellen Streckenrekord von 11.59,9 Minuten.

# GELÄNDEWAGEN *Typ 82/Volkswagen*

Neben dem Urahn aller folgenden Porsche-Sportwagen, dem Typ 356, sind der Geländewagen, Typ 82, und der Schwimmwagen, Typ 166, die weltweit bekanntesten Konstruktionen aus dem Porsche-Büro geworden.

Der Kübelsitzwagen, wie man ihn am Anfang nannte, wurde zum erstenmal im Mai 1938 als Konzept festgehalten. Zu diesem Zeitpunkt firmiert das Projekt noch unter der Typen-Nummer 62, da es im wesentlichen auf dem KdF-Wagen basierte, der ja bekanntlich die Typen-Nummer 60 führte. Schon während der Erprobungen am KdF-Wagen, dem späteren Volkswagen Käfer, hatten verschiedene Wehrmachtseinheiten mit einer karosserielosen Variante des Typs 60 Versuche gefahren.

Aus allen diesen Erfahrungen entstand der Typ 62, der Vorläufer des Geländewagens. Im Frühjahr 1939 wurde der erste Prototyp der Öffentlichkeit präsentiert. Weiter notwendige Verbesserungen führten dann zur Ausführung Typ 82, dessen Produktion 1940 in Wolfsburg anlief und für anfänglich 2782 Mark das Stück an die Wehrmacht verkauft wurde. Bis zum Ende des Krieges baute VW über 52.000 Exemplare dieses Typs, der in unzähligen Varianten auf allen Schlachtfeldern der Welt Verwendung fand.

Die wichtigsten technischen Daten:

Der Vierzylinder-Boxermotor hatte bis etwa März 1943 985 $cm^3$ und 23,5 PS Leistung. Danach wurde der Hubraum auf 1130 $cm^3$ erweitert und die Leistung auf 25 PS angehoben. Die Verdichtung blieb unverändert bei 5,8:1. Die Luftkühlung erfolgte durch Gebläse und die Gemischaufbereitung mittels einem Solex-Fallstrom-Vergaser.

Die Einscheiben-Kupplung von Fichtel & Sachs wirkte auf vier Vorwärts-und einen Rückwärtsgang. Hinten war die Pendelachse geteilt und mit einem selbsthemmenden Ausgleichsgetriebe von ZF bestückt. Die Vorderachse war eine parallel schwingende Doppelkurbelachse. Die Federung arbeitete vorn und hinten über je zwei Drehstäbe, dazu vorn einfach (hinten doppelt) wirkende Öldruck-Stoßdämpfer. Die Fußbremse wirkte ebenso wie die Handbremse mechanisch auf alle vier Räder.

Die Scheibenräder mit Tiefbettfelge (Format 3,00 D/16) wurden mit Reifen der Größe 5.25-16-Gelände ausgerüstet.

Das Steigvermögen lag zwischen 40 bis 45 Prozent, je nach Untergrund; der Normverbrauch bei etwa 8,5 Liter auf 100 km, was für einen Fahrbereich bis zu 450 Kilometer ausreichte.

Bei einer Fahrzeuglänge von 3740 mm (Radstand 2400 mm), einer Breite von 1600 mm und einer Höhe von 1650 mm betrug das betriebsfertige Eigengewicht 668 Kilogramm. Die niedrigste Dauergeschwindigkeit wurde mit 3 km/h, die Höchstgeschwindigkeit mit 80 km/h angegeben.

**Kübelwagen, Typ 82, nach einer Porsche-Idee von 1938, auf VW-Basis. Produktionsbeginn 1940 mit einem Abgabepreis an die Armee von 2782 DM**

**»Kübelraupe« (Typ 155/1) für Einsätze in Afrika und Rußland (1942)**

Für die Herstellung eines Geländewagens schien die Firma Porsche durch den VW-Kübel- und Schwimmwagen – erdacht vom Porsche-Konstruktionsbüro und eingesetzt im zweiten Weltkrieg – ausreichend Erfahrung zu haben. Als die Mitte der 50er Jahre neu installierte Bundeswehr auch einen Geländewagen verlangte, präsentierte Porsche in kürzester Zeit, schon Ende 1954, ihr Projekt »Geländewagen, Typ 597«.

Für den »597« war in seiner Auslieferungsversion der vom Sportwagen abgeleitete 1,6-Vierzylinder-Boxermotor vorgesehen, der hier 50 PS abgab. Das maximale Drehmoment betrug 10,7 mkp bei nur 2400/min. Die Kraftübertragung erfolgte über ein Viergang-Synchron-Getriebe mit zusätzlichem Geländegang. Alle fünf Gänge wurden über einen Schalthebel betätigt. Selbstverständlich verfügte der Porsche 597 über Allradantrieb, der für Straßenfahrt abgeschaltet werden konnte.

Der Stahlblechaufbau war selbsttragend, die einzeln aufgehängten Räder nach bewährter Porsche-Manier mittels Drehstäben abgefedert. Zusätzlich waren vorn und hinten doppelt wirkende Teleskop-Stoßdämpfer eingebaut. Die Fußbremse wirkte hydraulisch auf alle vier Räder, wobei die Bremstrommeln aus Leichtmetall waren. Die Handbremse zog mechanisch nur auf die Hinterräder.

Die Reifen 6.00-16 waren auf Tiefbettfelgen 5.05 F-16 montiert. Der vorn liegende Kraftstoff-Behälter hatte 60 Liter Inhalt. Bei einer größten Länge von 3600 mm, einer Breite von 1560 mm und einer Höhe von 1580 mm bei geschlossenem Verdeck wurden 1090 Kilogramm Leergewicht registriert. Die niedrigste Fahrgeschwindigkeit betrug 2,8 km/h und die Höchstgeschwindigkeit 100 km/h. Das Steigvermögen im Allradbetrieb und bei griffigem Boden lag um 65 Prozent.

Eine Besonderheit: Der Porsche 597 war ohne Eigenantrieb schwimmfähig. Man konnte ihn entweder über ein Gewässer ziehen oder zu einem Transport-Konvoi zusammenschließen.

Die Prototypen hatten ihre Eignungstests bei der Bundeswehr glänzend bestanden. So wurde z. B. selbst unter extremsten Bedingungen nur ein Verbrauch von rund 12 Liter registriert, der sich auf unter 10 Liter drücken ließ.

Doch den Wettbewerb im Vergleich mit einigen Konkurrenten entschied nicht der Porsche 597 für sich. Wohl aus politischen und finanziellen Gründen, nicht aus technischen Überlegungen, erhielt DKW mit seinem »Munga« und Zweitaktmotor den Zuschlag.

**Porsche-Jagdwagen (Typ 597) – die Prototypen-Ausführung von Anfang 1950**

**Im Heck der luftgekühlte 50 PS-Porsche-motor mit 1,6 Liter Hubraum**

**Abschaltbarer Allradantrieb für schweres Gelände oder gute Straße**

**Eine Besonderheit: Der 597 war ohne Eigenantrieb auch schwimmfähig.**

**Jagdwagen (Typ 597) mit der NATO-Bezeichnung »PKW 0,25 t GL« (1955)**

**Die Grundausführung von 1955 bestand alle Härtetests ausgezeichnet**

Selbsttragender Stahlblechaufbau, 1090 kg Leergewicht, max. 100 km/h

Trotz guter Technik wurde der Porsche 597 »politisch« nicht akzeptiert

Zivile Ausführung von 1958 mit, bzw. ohne seitlichen Steckfenstern

Gleich nach dem zweiten Weltkrieg hatte Porsche nicht gerade eine übermäßige Neigung, sich werksseitig im Motorsport zu engagieren. Kunden oder auch Händler sprangen Anfang der 50er Jahre in diese Bresche.
Walter Glöckler, VW-Händler aus Frankfurt/Main, der schon vor dem Krieg einen Hanomag in Rennen gefahren hatte, gab seinem Betriebsleiter Hermann Ramelow den Auftrag, auf der Basis eines Volkswagens einen schnellen Sportwagen zu bauen. Der »VW-Eigenbau« hatte einen 1,1-l-VW-Motor mit 48 PS, wog nur 445 kg und errang unter Walter Glöckler die Deutsche Sportwagen-Meisterschaft 1950 in der Klasse bis 1100 ccm.
Im selben Jahr verstärkten sich die Kontakte von Glöckler zu Porsche und man beschloß eine enge Kooperation. Ein »Glöckler-Porsche« entstand für die Saison 1951. Wieder wurde die Karosserie von der Frankfurter Firma Weidenhausen gebaut. Die Leistung im Mittelmotor-Roadster (450 kg leicht!) lieferte ein 1,5-l-Porschemotor, der bis auf 85 PS bei über 6000/min gebracht wurde. Dieser zweite Glöckler-Eigenbau konnte beim Handling und Bremsen nicht überzeugen und wurde nach Amerika verkauft.
Auf der Basis eines Porsche 356 entstand im Winter 1951/52 der dritte »Glöckler«, der zweite mit Porsche-Teilen. Walter Glöcklers Vetter Helm steuerte diesen Wagen auf Anhieb beim Eifelrennen 1952 zum Sieg. Im Gegensatz zu den beiden echten Mittelmotorwagen hatte dieser Porsche-Eigenbau den Motor wie beim Original plaziert, auf und nicht vor der Hinterachse. Der offene Wagen, mit fünf Zentimeter verkürztem Radstand, konnte bei Bedarf mit einem Coupéaufsatz geschlossen werden. Der 1,5-l-Porschemotor leistete auf Anhieb 86 PS – allerdings mit Alkoholmischung als Treibstoff. Auch dieses Exemplar wurde in die USA verkauft.
Zwei weitere Glöckler-Porsche entstanden 1953: Nummer vier war ein von Hans Stanek in Auftrag gegebener Roadster, der sich äußerlich stark an den 1951-Wagen anlehnte und mit dem 1500-S-Porschemotor bestückt war.
Richard Trenkel ließ sich einen Roadster bauen, der mit einem modifizierten 1,1-l-Porschemotor ausgerüstet unter Alkoholgemisch 67 PS lieferte und bis 1954 noch erfolgreich bei Rennen unter seinem Besitzer eingesetzt wurde.
Ermutigt durch die Erfolge von Glöckler und die Arbeit seines Betriebsleiters Ramelow entschloß sich das Werk, auf diesem Gebiet selbst aktiv zu werden. Zudem waren 1952 eine Menge neuer Wettbewerber auf der Straße und vor allem auf der Rennstrecke dazugekommen. Für das Le Mans-Rennen 1953 baute Porsche zwei Spyder, die die Typenbezeichnung »550« erhielten und zusammen mit dem Motor 547 (Fuhrmann-Motor) Porsche-Renntradition begründeten und auf dem »Glöckler-Porsche« als Vorläufer aufbauten.

**Glöckler-Porsche Nr. 1 – gebaut 1950, mit 1,1-l-Motor (Typ 369), 65 PS.
Der leichtgewichtige Mittelmotor-Spyder lief über 210 km/h Spitze**

Glöckler-Porsche Nr. 2 – gebaut 1951, mit 1,5-l-Motor (Typ 502), 95 PS

Ende 1951 in die USA verkauft, lief die Nr. 2 dort auch erfolgreich

**Aus dieser Perspektive sahen ihn jahrelang die unzähligen Verfolger**

**Cockpit der Nr. 2 – spartanisch, aber sehr zweckmäßig ausgestattet**

**Straßenausführung des Glöckler-Porsche mit 1,5-l-Mittelmotor**

Auf dem Turiner Autosalon 1970 gab es gleich zwei Sonderaufbauten für den VW-Porsche 914-6 zu sehen: einmal den »Tapiro« von Giugiaro (siehe Seite 199) und von der Firma Eurostyle eine von Albrecht Graf Goertz gezeichnete Variante.
Goertz, der den BMW 507 Roadster entworfen hat und auch an der Gestaltung des Datsun 280 Z mitwirkte, versprach sich von seinem Projekt einiges, wußte er doch, daß man auch im Hause Porsche über die Original-Karosserie des 914 nicht ganz glücklich war.
Die Struktur des Interieurs sowie die Basis-Technik des 914-6 blieben unverändert. Die neue Karosserie hatte einen stark abgeflachten Bug und die Dachform lief bis fast zum Wagenende in derselben Ebene weiter, um dann nahezu senkrecht abzufallen – ein »Porsche-Kombi«.
Obwohl das Auto nicht schlecht aussah und wohl auch in Zuffenhausen gut ankam, sah man keine Möglichkeit, das zu diesem Zeitpunkt bereits gut eingeführte Design des 914-6 zu ändern.
Das Goertz-Coupé verblieb anfänglich im Besitz seines Schöpfers und wanderte später in ein Museum.

**Hatte auf dem Turiner Salon 1970 Premiere: der »Görtz« auf 914-6-Basis**

Der stark an einen Kombi erinnernde 914-6-Görtz blieb ein Einzelstück



Der deutsche Designer Graf Görtz fand eine gänzlich neue Linie

Der gebürtige Deutsche Carl Delfosse siedelte 1952 nach Argentinien über und baute sich dort im Laufe der Jahre eine gut funktionierende Werkstatt für europäische Automobile auf. Schon bald kaufte sich Delfosse, der schon in Deutschland Rennen gefahren und gewonnen hatte, einen gebrauchten 1,5-l-Gordini-Rennwagen. Ihn hatte u. a. Juan-Manuel Fangio 1947 in Argentinien pilotiert.

Nach fünfmonatiger Restaurations- und Bauzeit entstand aus diesem ehemals rein französischen Monoposto ein »Gordini-Porsche«. Delfosse hatte das Fahrgestell des Gordini beibehalten und eine neue, spyderähnliche Karosserie darüber gestülpt. Darunter saß ein Porsche 1,5-l-Motor. Zuerst war es ein modifizierter 356-Motor, später folgte der leistungsstärkere 547-Motor, die Delfosse beide Male gebraucht von dem damals bekannten Porsche-Rennfahrer Juhan erwarb.

Beim 1000 km-Rennen von Buenos Aires 1955 steuerte Delfosse sein bemerkenswert gut gelungenes Fahrzeug bis auf den dritten Platz in der 1500 $cm^3$-Klasse. Es folgte danach eine neue Karosserie und ständig kleinere Verbesserungen. In seiner besten Zeit wog der Gordini-Porsche 500 Kilogramm. Wie Delfosse selber sagte, war sein Eigenbau auf kurvenreichen Strecken schwer zu schlagen, aber auf Hochgeschwindigkeits-Pisten vom Fahrwerk her bald nicht mehr konkurrenzfähig.



**Porsche-Gordini mit Spydermotor vom Deutsch-Argentinier Delfosse (1955)**

## GRIPS

*Studie Straßenreinigung*

Das Bundesministerium für Forschung und Technologie beauftragte Porsche Ende der 70er Jahre, in einer Studie das Problem »Geräuscharme Reinigung in verparkten Straßen« (abgekürzt: GRIPS) anzugehen.
Die Aufgabe wurde bei Porsche analysiert und in einzelne Arbeitspakete aufgeteilt. Das Ergebnis war eine Studie einer Spezialmaschine mit Rollrüssel. Den Saugschlauch zum Aufnehmen des Straßenschmutzes, auch in mit Autos vollgeparkten Straßen, umgeben Kassetten, die nach Art von Gelenkketten seitensteif, aber aufrollbar sind.
Das Ein- und Ausfahren des Rüssels geschieht handgesteuert durch Auf- und Abrollen an einer großen Wickeltrommel, deren Innenraum für das Sauggebläse genutzt wird. Am Rollrüssel sind Fühler angebracht, die ein Verklemmen unter dem geparkten Fahrzeug verhindern. Beim Ansprechen des Fühlers fährt der Rüssel in seine Ausgangslage zurück.
Die Studie machte auch Vorschläge zur Geräuschminderung bei bestehenden Straßenreinigungs-Maschinen und bei der Konzeption zu berücksichtigende Maßnahmen.

## HESS

*356-Motorrad*

Peter Heß, Feinmechaniker aus Kiel, verschrieb sich der Idee, um den 1,6-l-Vierzylindermotor des Typ 356 (Super 90) herum ein Motorrad zu bauen. Das kostete ihn 20.000 Mark, dreieinhalb Jahre Arbeit und einige graue Haare.
Der Motor wurde von Heß völlig demontiert und erneuert. Die Gebläsekühlung mußte wegfallen, statt dessen schloß Heß zwei Ölkühler im Zweikreissystem an und erhöhte den Ölhaushalt von 3,5 auf 6 Liter.
Damit es den Auslaßventilen der hinteren Zylinder nicht zu heiß wurde, bekamen sie zusätzlich einen kühlenden Ölspritzer. Die Drehzahl des mit Original-Vergasern versehenen Motors wurde auf 4500/min begrenzt. Trotzdem standen immer noch gut 60 PS zur Verfügung, die für eine Höchstgeschwindigkeit von 180 km/h reichten. Ohne Drehzahlbegrenzer hatte der Motor rein rechnerisch 100 PS bei 6500/min und brachte eine Spitze von über 240 km/h!
Eindrucksvoll war das Durchzugsvermögen des niedrig drehenden Motors, das über einen BMW-Kardanantrieb an das antreibende Hinterrad weitergegeben wurde. Von BMW stammte auch die Gabel, den Rahmen dagegen konstruierte Heß selbst.

Der australische Colonel Colin Bonner hatte sich lange mit dem Projekt eines Hovercraft beschäftigt. Er baute Anfang der 60er Jahre den ersten Prototyp und demonstrierte bald danach seine Eigenschaften.
Die Demonstration des »Bon Air 6-1-X« getauften Flugschiffes fand vor interessierten Angehörigen australischer Behörden und der Armee statt. Bereits bei diesem Test arbeiteten die drei Porsche-1,5-l-Motoren als Antriebsaggregate mit je 52 PS zur vollsten Zufriedenheit. Zwei der Motoren bliesen die Luft unter den Bauch des Hovercraft, etwa 1500 $cm^3$ per Minute, während der dritte Porschemotor für die Steuerung und den Frontpropeller zuständig war.
Beim Probelauf, mit vier Personen an Bord der »BonAir«, erreichte dieses Gefährt 90 km/h über dem Wasser. Das überwiegend aus Kunststoff gefertigte Flugboot wog knapp 1000 Kilogramm, war acht Meter lang und 3,80 Meter breit. Die Zuladung war auf 545 Kilogramm ausgelegt.
Konnten alle Möglichkeiten genutzt werden, so war dieses Einzelstück mit acht Personen bis zu 1 ½ Stunden »flugfähig«

**Luftkissenboot »BonAir 6-1-X« mit drei Porsche-Industriemotoren (1963)** 

# HYDRO-BUS (Tragflächenboot) *356-Motor*

Bei der Bremer Werft Lürsen wurde 1951 dieses Tragflächenboot nach den Plänen des Ingenieurs Schaper gebaut. Es war anfänglich als Rennboot konzipiert, sollte aber später einmal in größerer Form auch zur Beförderung von Personen in den Küstengewässern dienen. Als Antriebsquelle dieses neuartigen Bootstyps wurde ein 1,3-l-Porsche-Motor verwendet, bei späteren Modellen waren auch 1,5-Liter-Aggregate von Porsche eingebaut.

**Tragflächenboot von Ing. Schaffer mit 1,3/1,5-l-Motor (1951). Als Rennboot konzipiert, sollten später auch Personen befördert werden**

# HIRONDELLE

*356-Motor/-Fahrwerk*

Recht eigenwillig in seinen technischen Merkmalen war der 1957 von dem Holländer Henk van Zalinge gebaute Spyder »Hirondelle«. Das Fahrgestell war ein Rohrrahmen mit VW- und Porscheteilen, der 1600er-Carrera-Motor lag vorne unter der Haube, die Federung erfolgte über Gummielemente!

Dieses Spyder lief fünf Jahre lang in Holland unter recht bekannten Fahrern, wie: Gijs van Lennep, Henk van Zalinge und Rob Slotemaker. Der Hirondelle erhielt im Laufe der Jahre einen frisierten Super 90-Porschemotor.

**»Hirondelle« des Holländers v. Zalinge mit vorn liegendem Carrera-Motor**

**Der Spyder lief jahrelang erfolgreich unter bekannten Fahrern (ab 1957)**

**Bei diesem Blick ins Cockpit ist der vornliegende Motor gut zu sehen.**

Nachdem seit 1952 der luftgekühlte VW-Motor mit einer Dauerleistung von 22 PS bei 3000/min – 1955 mit 25 PS – als Industriemotor geliefert wurde, war es naheliegend, daß für Aggregate mit geforderter höherer Leistung der Porsche-Motor verlangt wurde. Insbesondere, da der Porsche-Motor dieselben Anbau- und Einbaumaße wie der VW-Motor hatte.

In Übereinstimmung mit dem VW-Werk brachte die Firma Porsche im Jahre 1953 einen im Aufbau und in seinen Sonderausstattungen dem VW-Industriemotor angepaßten 1,5-l-Porsche-T-Motor heraus. Als höchste Dauerleistung wurden 43 PS bei 3600/min angegeben.

Ab Herbst 1954 lieferte Porsche seinen Industriemotor ebenso wie den Fahrzeugmotor mit 1,6 Liter Hubraum (Typ 616), wobei alle weiteren Entwicklungen auch auf den Industriemotor übertragen wurden. Beide Konstruktionen waren grundsätzlich gleich. Um die thermische Beanspruchung im stationären Dauerbetrieb in zulässigen Grenzen zu halten, wurde auch der 1,6-l-Motor nur mit 43 PS bei 3600/min ausgeliefert – gegenüber 60 PS bei 4500/min des nahezu identischen Fahrzeugmotors. Beim Industriemotor wurde außer der Drehzahlbegrenzung auch das Verdichtungsverhältnis von 7,5 auf 6,5:1 reduziert und das Aggregat mit nur einem Vergaser bestückt. Für 15 Minuten erreichte der Typ 616/3, bei Ausschaltung des Drehzahlbegrenzers, 47 PS bei 4000/min.

Die Verbrauchsdaten schwankten zwischen 2,5 l/h ohne Last bei 2500/min und 15,5 l/h bei Vollast und 3600/min.

Die wesentlichen Baumerkmale der Standard-Ausführung des Porsche-Industriemotors waren, abweichend vom Fahrzeugmotor:

Die Hochspannungs-Magnetzündung mit Drehzahlbegrenzer anstelle der Batteriezündung. Da zudem von Hand gestartet wurde – mittels Kurbel – konnten Batterie, Lichtmaschine und Anlasser gespart werden.

Der auf die Vergaserdrosselklappe wirkende Fliehkraftregler, der die Motordrehzahl konstant hielt.

Nur ein Vergaser und Entfall der Kraftstoffpumpe, da das Gefälle vom Benzintank zum Vergaser ausreichte.

Erwähnenswert ist die von Porsche in Zusammenarbeit mit Bosch entwickelte einfache Sicherheits-Schalteinrichtung, die den Motor bei Reißen des Gebläseantriebs-Riemens sofort stoppte.

Die Befestigung des Porsche-Industriemotors erfolgte wie beim Fahrzeugmotor freitragend am Kurbelgehäuseflansch. Dieser hatte dieselben Anschlußmale wie der VW-Industriemotor, so daß beide Motoren praktisch austauschbar waren.

Dieser 616-Motor konnte auch mit Treibgasanlagen betrieben werden. Nach Abstimmung auf den Motor ergab sich bei einer Leistungsminderung von nur 6 % eine Kostenersparnis von 32,5 %. Bei einem zehnstündigen Betrieb mit 3000/min und Vollast konn-

ten so rund 30 Mark gespart werden. Diese Anlage war umschaltbar auf Benzin bzw. Gasbetrieb.
Eingesetzt wurde der Porsche-Industriemotor u. a. als: tragbare Feuerspritze, Stromerzeugungsanlage, selbstfahrender Mähdrescher, fahrbarer Zementsilo, Schweißgenerator-Anlage, fahrbare Seilwinde (20 t), Schneefräse, Baumspritze, Hilfsantrieb, Kompressor, Förderanlage.

Anfang der 60er Jahre folgte der 616/18, im Vergleich zum jetzt 616/13 benannten 43 PS-Industriemotor, mit 46 PS Dauerleistung. Die Höchstleistung für maximal 15 Minuten ohne Drehzahlregler lag bei 55 PS und 4000/min. Der stärkere Motor unterschied sich in folgenden Details: Doppelfallstrom-Vergaser; 7,5:1-Verdichtung; zwei Auspuffstutzen, 12 cm breiter und höhere Kraftstoffqualität (86 ROZ).

**Ab Herbst 1954 lieferte Porsche den Industriemotor Typ 616 mit 43 PS**

**Die Ausführung 616/3 mit einem angeflanschten Getrag-Getriebe**

**Ausführung von Mitte der 60er Jahre (616/33-1) mit 46 PS Leistung**

**Industriemotor mit Magnetzündung/ Drehzahlregler (Notstromaggregat)**

## 6 Zylinder + Turbo

Zu Beginn der 70er Jahre, als die ersten Porsche 917-Spyder auftauchten, gab es auch Versuche von Konstrukteuren, mit anderen als Porsche-Produkten in der Sportwagen-Rennszene erfolgreich teilzunehmen.

Eine in mehrfacher Beziehung schillernde Figur war der Konstrukteur Jo Karasek. Er versuchte sich im Formel-, wie auch im Sportwagen-Metier.

Eine seiner Konstruktionen war der »KMW SP 2«, eine Sportwagen-Konstruktion mit einer Gesamtlänge von nur 3500 mm und einem Wagengewicht von unter 500 Kilogramm. In das Alu-Monocoque war der Einbau für Motoren bis 5 Liter Hubraum angeblich möglich. Der Typ »SP 2« hatte jedoch bei seinem Premierenstart nur einen Porsche-Sechszylinder mit 2 l Hubraum und 230 PS als Antriebsquelle installiert. Damit war er natürlich dem Porsche 917-Spyder mit 5-Liter-12-Zylinder-Motor und etwa 600 PS klar unterlegen.

Das Rolling Chassis (ohne Motor, Getriebe, Reifen und Lackierung) kostete 26.800 Mark. Ein recht günstiger Preis; und so tauchte denn bald der KMW-Wagen auch mit stärkeren Motoren auf: dem 4-Nockenwellen-Sechszylinder aus dem 911 R, auf den dann etwas später sogar noch ein Turbolader aufgepropft wurde.

Gegen die Saugmotor-917-Spyder, die innerhalb der Interserie-Rennen an den Start gingen, konnte der KMW für einige Runden ein Feuerwerk abbrennen, doch selten genug kam der Außenseiter ins Ziel. Gegen die 917-10-Turbo-Spyder mit schlußendlich bis 1100 PS (917-30) war ohnehin kein Kraut gewachsen.

**»KMW SP 2« – eine Sportwagen-Konstruktion von Joe Karasek von 1973**

**Bei der Premiere hatte der SP 2 einen 2-l-Sechszylinder mit 230 PS**

**Das einfache Alu-Monocoque als Rolling-Chassis kostete nur 26.800 DM**

**In der letzten Ausführung kam ein 911-R-Motor mit Turbo zum Einsatz**

In einer Studie des »Club of Rome« zur Lage der Menschheit wurde festgestellt, daß die Rohstoff- und Energie-Reserven der Erde die praktizierte Großzügigkeit bei der Produktion und beim Verbrauch von Autos auf die Dauer kaum zulassen werden. Auf der anderen Seite verwiesen die Umweltschützer auf die Schrotthalden von über 12 Millionen Autowracks pro Jahr in der Welt, die ein wachsendes Umweltproblem heraufbeschwören.

Im Porsche-Entwicklungszentrum in Weissach forschte man bereits zu Beginn der 70er Jahre nach Möglichkeiten, um die Autoentwicklung diesen veränderten Umweltbedingungen anzupassen.

Ein Ergebnis dieser Studien war das »Forschungs-Projekt Langzeit-Auto« (FLA). Es ging davon aus, daß Autos mit doppelter Lebensdauer sowohl den Rohstoffbedarf als auch den Schrottanfall in etwa halbieren würden. Technisch erschien dieses Problem lösbar, Autos zu bauen, die statt 10 Jahre (statistische Durchschnitts-Lebensdauer) 20 Jahre halten. Dabei konzentrierten sich die Studien auf zwei Schwerpunkte: Verschleißminderung und Materialauswahl.

Konstruktiv läßt sich Langlebigkeit durch großvolumige Motoren mit geringer spezifischer Leistung, hydraulische Anfahr-Kupplungen, kontaktlose Zündanlagen und anderes mehr erreichen. Unter gezielter Materialauswahl sind eine korrosionsresistente Karosserie aus Aluminium, rostfreiem Stahl oder Kunststoff, ozonbeständige Gummilager, speziell legierte Bremsscheiben oder auch nur kratzfeste Scheiben zu verstehen.

Alles zusammen würde Autos eines neuen Charakters entstehen lassen, nämlich zweckbetonte, robuste Gebrauchswagen von bisher nicht gekannter Fertigungsqualität.

Ein zweites Ziel bei der Materialauswahl, laut Porsche-Studie von 1973, ist die Intensivierung des Materialkreislaufes: Es gilt, den Anteil an wiederverwertbaren Materialien zu erhöhen und denjenigen von Wegwerfmaterial zu verringern. Der Doppelnutzen stellt sich in Form eingesparter Rohstoffe und verkleinerten Schrottanfalls ein.

Auch dem Autofahrer stellt das FLA eine günstige Wirtschaftlichkeits-Prognose. Nach der Kostenabschätzung der Porsche-Techniker würde ein Auto, das doppelt so lange hält wie ein bis dato normales, in der Anschaffung nur etwa 30 Prozent mehr kosten.

Für die Auto-Industrie wie auch für den Handel und Service würden derart langlebige Autos freilich einiges verändern. Ähnlich wie Schiffswerften oder Flugzeugwerke müßten sie sich vom reinen Produzieren in starkem Maße auf das Überholen und Teilmodernisieren umstellen. Die Folge wäre eine Verschiebung vom Materialeinsatz zum Einsatz von menschlicher Arbeit.

Das Forschungs-Projekt sorgte auf der IAA 1973 jedenfalls bei den Automobilfirmen für Aufregung. Auch noch Wochen danach war dieser FLA-Porsche Thema in ungezählten Publikationen auf der ganzen Welt. Hauptangriffspunkt war das Argument, ein Fahrzeugkäufer würde 20 Jahre lang dasselbe Auto behalten und dafür sogar noch 30 Prozent mehr bezahlen.

Die Ereignisse in den letzten 10 Jahren haben die Studie schon fast eingeholt, die ja eine Langzeit-Prognose darstellen sollte. Inzwischen gab es zwei Welt-Energiekrisen, die Wirtschaft befindet sich seit Jahren durchweg in einer Talsohle und alle Rohstoffe werden von Jahr zu Jahr knapper und damit teurer. Von den konstruktiven Maßnahmen als Empfehlung aus der Studie hat Porsche die meisten selbst in die eigene Automobil-Produktion einfließen lassen. Doch zur allgemeinen Überraschung sind auch die Widersacher von einst heute alle auf demselben Weg, wie Porsche bei seiner FLA-Studie vorgeschlagen hatte. Und selbst bei der damals utopisch klingenden Möglichkeit, andere Materialien als Stahl und Blech zu verarbeiten, müssen schon heute große Abstriche gemacht werden.

Das 1973 von Porsche auf der IAA ausgestellte Demonstrations-Objekt, in Verbindung mit der Studie, hat jedenfalls seinen Zweck erreicht – einen kräftigen Anstoß gegeben für eine neue Autoentwicklung.

## PFLICHTENHEFT LANGZEIT-AUTO

Die Zielsetzung des Pflichtenheftes läßt sich so zusammenfassen:

a) Optimierung der Konstruktion im Hinblick auf niedrige Beanspruchung aller Bauteile sowie auf gezielte Werkstoffauswahl.

b) Abstimmung der Lebensdauer aller Bauteile mit dem Ziel, 20 Jahre lang 15000 km/ Jahr Fahrleistung mit einem Minimum an Wartung, Teileaustausch, Reparatur sowie technischer Überholung zu ermöglichen.

c) Einfache und billige Durchführung von Wartung, Teileaustausch, Reparatur sowie technischer Überholung.

d) Günstige Verschrottung, verbesserte Rohstoff-Wiedergewinnung, möglichst kleiner Anteil an nicht wiederverwertbarem Material und damit geringe Umweltbelastung.

*Motor*

Viertakt-Ottomotor, Hubraum ca. 2,5 Liter, Leistung ca. 75 PS bei 3600 U/min., Literleistung ca. 30 PS/Liter, maximale Drehzahl 4000 U/min.

Zusätzliche Maßnahmen zur Langlebigkeit: hydraulische Ventilstößel, reichlich dimensionierte Lager, hochwirksame Luftfilterung, optimale Ölfilterung, schnelles Erreichen der Betriebstemperatur, korrosionsbeständige Auspuffanlage.

*Getriebe*

Halbautomatisches Getriebe mit 3 Vorwärtsgängen, verschleißfreier Drehmomentwandler als Anfahrkupplung; möglich auch vollautomatisches Getriebe.

Zusätzliche Maßnahmen zur Langlebigkeit: vom Motorenöl-Kreislauf abgezweigte Ölversorgung des Wandlers für Temperaturstabilität und Wartungsfreundlichkeit, dauerfeste, reichliche Auslegung der Gangräder, optimale Abdichtung der Getriebewellen, große Ölmengen für lange Nachfüllintervalle.

*Fahrwerk*

Die Lebensdauer der Fahrwerke von heute üblichen Normalautos liegt bereits so hoch, daß eine Lebensdauer von 20 Jahren oder mindestens 300.000 km als erreichbar gilt.

Zusätzliche Maßnahmen zur Langlebigkeit: verbesserte Abdichtung geschmierter Teile, reichlich dimensionierte, niedrig beanspruchte Federn, hochwertige Stoßdämpfer, speziell legierte Bremsscheiben, korrosionsbeständige Bremsleitungen, Radialreifen mit tiefem Langzeit-Profil, Ausschäumen von Hohlteilen.

*Karosserie*

Korrosionsbeständige Karosse aus Aluminium oder rostfreiem Stahl, möglich auch Kombination von Chromstahl-Bodengruppe oder Aluminiumlegierung für den Aufbau. Kunststoff wenn ausreichend wiederverwertbar und verrottbar.

Zusätzliche Maßnahmen zur Langlebigkeit: keine lackverletzenden Befestigungselemente mehr an der Karosse, Innenraumauskleidung konsequent auf alterungsbeständige Materialien umstellen und mit alterungsbeständigen Klebeverbindungen verbauen, verbesserte Kratzfestigkeit von Glasoberflächen. Auch kleinere konstruktive Details, wie Schlösser, Scharniere, Fensterheber, Sitzschienen und dgl. auf Langlebigkeit auslegen.

*Elektrik*

Elektronische, kontaktlose Zündanlage, wartungsfreie Batterie großer Kapazität mit verbesserter Wiederverwertbarbeit.

Zusätzliche Maßnahmen zur Langlebigkeit: Aufteilung der Verkabelung in mehrere Kabelstränge zum leichten Ein- und Ausbau, Aluminiumleitungen statt Kupferleitungen zwecks besserer Wiederverwertbarkeit, versilberte Steckkontakte.



**Das »Forschungsprojekt Langzeit-Auto« (FLA) wurde 1973 vorgestellt**

**Ein Langzeitauto könnte laut Porsche mindestens 20 Jahre halten. Bessere Materialauswahl und -verwertung nutzen knappe Rohstoffe optimal. In der Öffentlichkeit sorgten die neuen Ideen für Gesprächsstoff**

Obwohl das Werk Porsche sich 1968 offiziell nicht an dem großen Automobil-Abenteuer, der Fernfahrt London-Sydney beteiligte, wurden dennoch drei 911 für Kunden vorbereitet.

Die Porsche 911 wurden mit Ramm-Stoßstangen, verstärkten Überschlagbügeln und Stahlnetz-Gardinen vor der Windschutzscheibe präpariert. Hierdurch hoffte man, sich gegen Zusammenstöße mit wilden Tieren schützen zu können. Besonders in Australien sind Karambolagen zwischen Känguruhs, die selbst bis zu 70 km/h schnell sind, und Autos sehr gefürchtet.

Der Start erfolgte am 24. November 1968 in London. Die Gesamtstrecke war mit über 16.000 km veranschlagt und führte über Paris, Turin, Belgrad, Instanbul, Teheran, Kabul, Delhi nach Bombay. Dort verschiffte der Veranstalter maximal 60 Teams mit ihren Wagen auf einen Dampfer, der das gesamte Paket nach Australien schipperte. Im fünften Erdteil galt es dann noch einmal 5000 Kilometer, teilweise nur mit Kompaßhilfe, zu bewältigen.

Die drei London-Sydney-Porsche pilotierten der Rallye-Europameister von 1967 Sobieslav Zasada mit Copilot Marek Wachowski, das englische Paar Terry Hunter und John Davenport sowie die Deutsch-Afrikaner Edgar Herrmann mit Beifahrer Hans Schuller.



**Für Kunden bereitete Porsche drei 911 zur Fernfahrt London-Sydney (1968) vor**

Schutz gegen wilde Tiere – die Rammstoßstangen und Stahlnetz-Gardinen

Für alle Eventualitäten auf der 16000 km langen Tour gerüstet.
Der Serien-Motor erhielt Auspuffschläuche zur Wasserdurchquerung

## MATHÉ-UNIVERSAL

*Spezial-Monoposto*

Otto Mathé, einarmiger Rennfahrer aus Innsbruck (Österreich) und Besitzer des letzten verbliebenen Berlin-Rom-Wagens, (Typ 64), baute 1952 aus Porsche-Teilen seinen Monoposto. Damit gehörte er anschließend sieben Jahre lang auf den Sand- und Eispisten Europas zu den Schnellsten.
Mit gleichmäßiger Gewichtsverteilung dank Mittelmotor-Konstruktion und hoher Belastung der Antriebsräder war Mathés Einsitzer den sonst üblichen Frontmotorwagen deutlich überlegen. Der Wulst auf der Fronthaube verbarg den Drehzahlmesser, der ansonsten im Innenraum keinen blickgünstigen Platz mehr gefunden hatte. Über dieses wichtige Instrument kontrollierte Mathé anfänglich einen normalen Carrera-Motor und zuletzt den Viernockenwellen-RS-Treibsatz. Mit dieser Kombination gewann Mathé bei seinem letzten offiziellen Rennen 1959 – beim Porsche-Gedächtnis-Rennen in Zell am See (Österreich) – auf dem Eis gegen einen Werks-Spyder.

## MIDGET

*911-Motor*

Seit fast 50 Jahren sind sie in Amerika sehr populär, die Rennen mit den Midget-Wagen. Die Monoposti sehen so aus, wie man sich Rennwagen aus den 40er Jahren vorstellt: Ein auf 2276 $cm^3$ Hubraum begrenzter Motor arbeitet vorne, der Schwerpunkt mit der Fahrerposition liegt sehr hoch und die Mechanik ist recht simpel. Diese Midget werden direkt angetrieben, daß heißt, ohne Kupplung und Getriebe gefahren. Zum Rennen müssen die Wagen deshalb angeschoben werden. Auf den 400-Meter-Ovalbahnen erreichen die Topwagen gut 160 km/h Höchstgeschwindigkeit.

Zu Beginn der 70er Jahre, nachdem jahrelang Ford V 8- und Offenhauser-Triebwerke in dieser Sportart dominiert hatten, erschien der Amerikaner Larry Caruthers mit einem VW-Motor in seinem Midget-Wagen. Der leichtere Motor und der Wegfall des Wasserkühlers erlaubten ein niedrigeres Gewicht und Verringerung des Schwerpunktes. Der VW-Midget gewann, und bekannte Fahrer, wie Gary Bettenhausen, ein inzwischen bekannter Indy-Pilot, legten sich einen solchen Einsitzer zu.
Als die Konkurrenz wieder Anschluß gewann, stiegen die Spitzenleute auf das Porsche-Sechszylinder-Triebwerk

um. So baute Bettenhausen einen 2,2-l-Sechszylinder mit Hilfe einer Methanol-geeigneten Einspritzanlage von Hilborn für den Midget-Einsatz um.

Nach einigen Monaten Problemen mit den gut 200 Methanol-gefütterten Pferdestärken begann 1976 die Siegesserie der Midget-Porsche in Amerika.

**Die Midget Cars sind häufig mit 2,2-l-Porsche-Sechszylinder bestückt. Mit Methanol-Treibstoff befeuert, erreichen die Motoren gut 200 PS**

Der kanadische Ingenieur Herb Jordan, bis zu seiner Pensionierung für IBM tätig, fuhr in seiner Jugend Motoren in Motorrädern und auch in einem Formel 2, die aus seiner Werkstatt stammten. Als er den ersten Porsche sah, kaufte er sich ein 356-Cabriolet und setzte sich zunehmend mehr mit der Stuttgarter Sportwagenmarke auseinander. Er besorgte sich Werksunterlagen eines 904-Viernockenwellen-Motors und baute diesen im Maßstab 1:3 nach. Da es Jordan aber wichtig war, daß seine Modell-Motoren auch liefen, veränderte er, wenn notwendig, auch kleine Teile, die diesen Versuch behindert hätten. Der Fuhrmann-Viernockenwellenmotor erhielt so bei einem Bohrung-Hub-Verhältnis von 25,4 zu 22,2 mm 45 $cm^3$ Hubraum (Original: 92 zu 74 mm und 1966 $cm^3$). Nach 2000 Arbeitsstunden in zwei Jahren lief der Carrera-Motor fast auf Anhieb: bei 20.000/min standen sogar acht Pferdestärken zur Verfügung.

Nachdem dieser Motor lief, begann Jordan mit dem Nachbau des 12-Zylinder-Boxermotors im Maßstab 1:4 mit Mini-Turbolader und Benzineinspritzung. Jordan benutzte eine Dokumentation von Porsches Dipl.-Ing. Hans Mezger als Basis für seine Arbeiten. Aber der 12-Zylinder hatte seine eigenen, speziellen Probleme: Um die Ölkanäle in der Kurbelwelle zu versorgen, waren Bohrungen von nur 0,012 mm erforderlich! Wie Jordan sagte, schien es zudem wünschenswert, bei 24.000/min die Reibung niedrig zu halten, also unterzog er die Kurbelwelle einer Chrombehandlung nach der Fertigung, um Verziehen beim Härten zu vermeiden.

Aus demselben Grund wurden die 17,8 cm-Nockenwellen in zwei Stücken gearbeitet. Die Nockenwellengehäuse-Öffnung mußte auch so lang sein, mit einem Durchmesser von 0,11113 mm und einer Toleranz von plus/minus 0,00005 mm – das erforderte mehr als Fingerspitzengefühl.

Für die Einspritzpumpe allein brauchte der Kanadier vier Monate. Auch hier hielten die Millimeter-Toleranzen für die sechs winzigen Pumpenkolben so lange auf. Mini-Düsen sprühen im Modell-917-Motor Gemisch gegen die Drosselschieber – in bester Porsche-Rennmotoren-Manier.

Der Modellmotor startete auf Anhieb und übertraf damit sogar den Carrera, für den er immerhin zwei Versuche gebraucht hatte. Allerdings wollte der 12-Zylinder anfänglich nicht seine Nenndrehzahl erreichen. Bei 54 $cm^3$ Hubraum, verteilt auf 12 Zylinder(!), die zudem 24.000/min drehen sollten, bedurfte es noch aufwendiger »Feinarbeit«, doch Jordan schaffte auch dieses kleine Problem.

Viernockenwellenmotor im Maßstab 1:3 vom kanadischen Ing. Herb Jordan

Der zweite Streich: 12 Zylinder-Boxermotor im Maßstab 1:4 (Hubraum 54 ccm)

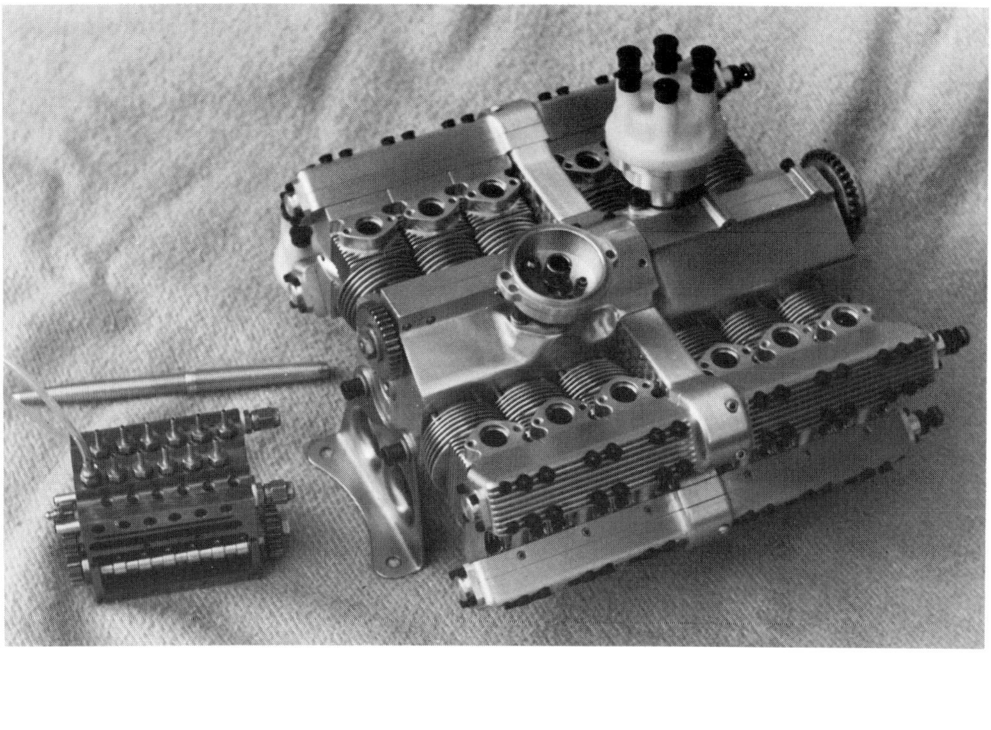

## MOPED-MOTOR *Typ 655*

Wohl die kleinste Porsche-Motorkonstruktion entstand Mitte der 50er Jahre. Es war ein Viertakt-Mopedmotor mit 49,80 $cm^3$ Hubraum. Die Leistung von 3 PS sollte der Zwerg bei 7000/min bringen.

Erwähnenswert ist nicht nur der hängende Einbau, dabei zeigte der Zylinderkopf zur Fahrbahn, sondern auch die Ausbildung der Kipphebel. Sie waren aus Stahlblech gepreßt und bewegten sich über eine kugelige Eindrückung auf einer korrespondierenden Bahn, die an einem Zapfen befestigt war.

Darüber hinaus hatte man eine Jetkühlung vorgesehen. Sie wurde gebildet durch zwei ineinandergesetzte Rohre, wovon das innere an den Auspuffkanal und das äußere an die Verrippung der Zylinder herangeführt war. Beide Rohre hatte man so aufeinander abgestimmt, daß die Auspuffgase, die etwa mit Schallgeschwindigkeit austreten, im Bereich der Zylinder zusätzlich zum Fahrtwind einen Kühlluftstrom erzeugten.

Interessant ist auch, daß die Motorkraft im dritten Gang des Dreigang-Getriebes von der Nockenwelle abgenommen wurde, die mit der Kurbelwelle über eine Kette in Verbindung stand.

## MURENE *914-Basis*

Bereits im Oktober 1970 präsentierte die französische Firma Heuliez eine Alternative zum VW-Porsche 914. Der für diese auf Nutz- und Sonderfahrzeuge spezialisierte Firma beschäftigte Designer Jacques Cooper baute die »Murene« in nur knapp drei Monaten. Das zweifarbig lackierte Mittelmotor-Coupé blieb in seiner Originalform nahezu erhalten. Es fehlten die Stoßstangen und das Heckteil ließ sich in einem Stück abklappen. Der Zugang zum hinteren Kofferraum war durch einen separaten Deckel vorgesehen.

## NEUMANN *356 Alu-Roadster*

Johnny von Neumann, in den Anfangsjahren Repräsentant der Marke Porsche an der amerikanischen Westküste, hatte vom Werk eines der noch übriggebliebenen Leichtmetall-Coupés aus der Gmündener Serie gekauft. Neumann ließ das Dach absägen, ein Mini-Scheibchen montieren und setzte den Leichtmetall-Roadster bei Rennen ein. In Amerika wurde dieses verstümmelte Alu-Coupé noch 1953 bei nationalen Rennen gesichtet.

## NORDSTADT

*911-/928-Motor*

Vier Wochen vor dem Neujahrsfest 1973 wurde in Hannover ein besonderes Auto präsentiert. Günther Arzt, Chef des örtlichen VW-Porsche-Betriebs Nordstadt, hatte einen Wolf im Schafspelz auf die Beine stellen lassen: einen VW Käfer mit Porsche-Carrera-Technik. Nordstadt hatte dazu genommen: eine Bodengruppe und das Fahrwerk vom Porsche 914, dazu einen Carrera 2,7-l-Motor und reichlich Porsche-Armaturen. Die breiten Rennfelgen plus den entsprechenden Reifen, eine sportive Ausstattung und über alles eine angepaßte Karosserie vom VW 1303 – fertig! Alles das wurde in rund 2000 Arbeitsstunden, davon 1000 allein für Schweißarbeiten, zum schnellsten Straßen-VW gemixt, den es damals gab.
Der auf einen reinen Zweisitzer geschrumpfte Käfer, denn hinter den Vordersitzen machte sich der Sechszylindermotor recht breit, erreichte eine Höchstgeschwindigkeit von 213 km/h und beschleunigte in 7,3 Sekunden von 0 auf 100 km/h! Damit war der aerodynamisch sicherlich nicht optimale VW-Käfer-Porsche in der Spitze rund 30 km/h langsamer als der Original Porsche Carrera, aber in der Beschleunigung verlor das »Wölfchen« nur eine Sekunde auf sein großes Vorbild.
Eine Katze läßt das Mausen nicht und Nordstadt blieb seinem Prinzip der Volkswagen-Porsche-Verkoppelung treu.
1979 mußte ein ansonsten harmloser VW Golf daran glauben – allerdings nur seine Silhouette. Nordstadt übernahm den kompletten Unterbau eines Porsche 928, also Motor, Fahrwerk, Getriebe und Transaxle, und steckte darüber eine Golf-Karosse. Allerdings mußte die Klein-Limousine in der Breite, Länge und Höhe gezogen werden, um auf den 928-Rahmen zu passen. Da auch das Instrumentarium aus dem großen Porsche-Coupé nicht zu übernehmen war, halfen hier nur teure Einzelanfertigungen.
Mit Fahrleistungen wie ein 928 und sicher auch zu diesen Preisen verblüffte der Golf-Porsche jeden Verkehrsteilnehmer, war doch auf Anhieb der gewachsene Wolfsburger nicht als Einzelanfertigung zu identifizieren.

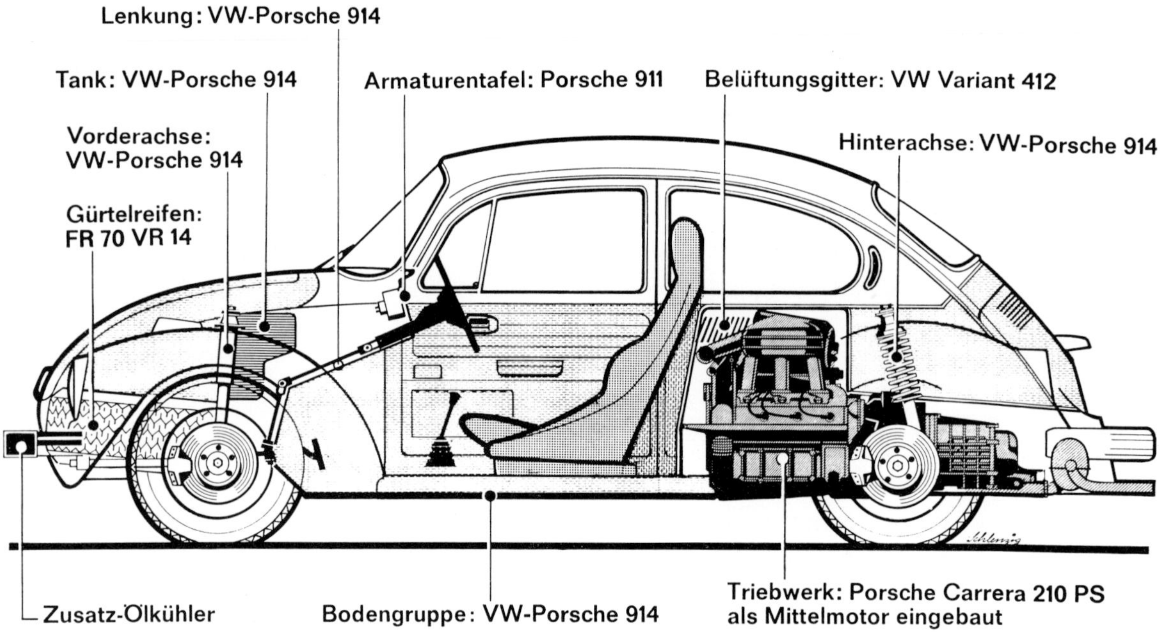


**Wolf im Schafspelz: VW-Käfer mit Carrera-Motor in Mittellage (1973)**



**Ein Golf als Silhouette für einen kompletten Unterbau des Porsche 928**

Damit Notarzt und Helfer in noch kürzerer Zeit als bisher Verletzten Hilfe leisten können, stellte Porsche im April 1978 einen Einsatzwagen vor, der wohl bis zu diesem Zeitpunkt der schnellste war, der je für solche Zwecke gebaut wurde. Es handelte sich dabei um einen »924«, der, mit Funk und Autotelefon ausgerüstet, der Mannschaft alle Kommunikationsmöglichkeiten bietet. Unter der großen Heckklappe – die sich vom Fahrersitz aus öffnen läßt, sind arbeitsgerecht und dennoch geschützt die Behandlungskoffer sowie, mit ständig geladenen Akus, EKG-Gerät, Defibrillator und Handlampe untergebracht. Mit wenigen Handgriffen ist die Gerätschaft für den Einsatz außerhalb des Wagens herausnehmbar. Ebenso schnell läßt sich das Einsatzfahrzeug in einen »normalen« Porsche 924 zurückverwandeln. Damit ist der Wagen auch für Ärzte geeignet, die neben ihrer Praxis für Notfalleinsätze diesen für Privatzwecke einsetzen wollen.

Das beim Wiesbadener Kongreß Mitte 1978 vorgestellte Fahrzeug war zu diesem Zeitpunkt bereits seit 21 Monaten im Raum Würzburg im Einsatz.

Die Technik des Notarzt-924 blieb gegenüber dem Serienmodell unverändert: 0-100 km/h in 9,8 s, über 200 km/h Höchstgeschwindigkeit und Wendekreis 10 Meter. Auffälliges ist nur außen sichtbar: Die Signallackierung, die zwei Rundum-Warnleuchten auf dem Dach und die Signalhörner unter der vorderen Stoßstange.



**Porsche 924 »Notarzt« mit leicht demontierbarer Spezial-Ausstattung**

Mansour Ojjeh, Geschäftsmann aus Saudi-Arabiens Hauptstadt Riyad, nahm Ende 1981 erste Kontakte zum Hause Porsche auf. Schon bald wurde ihm klar, sich auch ein Produkt dieses Sportwagen-Herstellers zuzulegen. Aber von Anfang an war klar, es sollte kein gewöhnlicher Turbo sein, sondern etwas ganz besonderes.
Ojjeh, Präsident der TAG-Gruppe (Techniques d'Avant-Garde), Porsche-Auftraggeber und Finanzier des V 6-Turbo-Rennmotors für den Formel 1-Rennstall McLaren, hatte bezüglich seines privaten Porsche dabei recht präzise Vorstellungen.
Im Februar 1983 kam ein nagelneuer Porsche 911 Turbo vom Band direkt in die Kunden-Reparatur- und Umbauabteilung von Porsche in Stuttgart-Zuffenhausen. Der 911-Turbo wurde hier nahezu komplett demontiert. Am Bug setzten die Blechschneider eine voluminöse Verbreiterung aus Stahl an. Die Kunststoff-Experten machten sich am Heck zu schaffen. Soweit möglich wurden dabei Teile vom Renn-935 übernommen. Das geschah mit dem Doppel-Heckflügel, der Motorhaube und den hinteren Kotflügeln.
Teile wie die Bugschürze, Stoßstangen und Einstiegsblenden mußten allerdings aufwendig in Handarbeit hergestellt werden. Das Fahrwerk wurde mittels Bilstein-Gasdruck-Stoßdämpfern sowie härteren Stabilisatoren noch vertretbar komfortabel abgestimmt. Die Bremsanlage stellt eine Mischung aus Serien-911-Turbo und der Kunden-Rennversion 934 dar. Natürlich erhielt der Ojjeh-Porsche Zentralverschlüsse für die superbreiten Räder, auf denen vorne Pirelli P 7 mit den Dimensionen 285/40 und hinten 345/35 aufgezogen wurden. Selbst das Ersatzrad ist eine Sonderanfertigung, in diesem Fall von BBS, da ja der Zentralverschluß berücksichtigt werden mußte und nur noch Platz für eine 5,5 schmale Felge plus dünnen Motorradreifen im flachen Bug übrig blieb!
Analog zu den baulichen Veränderungen langten auch die Motortechniker kräftig hin. Mit einem sogenannten Leistungspaket erreichten sie gegenüber der Serie ein Plus von 70 PS – bei unverändertem Hubraum und 0,8 Bar Ladedruck. Zum Leistungspaket gehören: größerer Ladeluftkühler, geänderter Turbolader, modifizierte Auspuffanlage, neu Saug-/Druckleitungen, schärfere Nockenwellen sowie ein Ölkühler vom Typ 934 im vorderen Spoiler.
Um die 370 Turbo-PS zu verkraften, bekam das serienmäßige Viergang-Schaltgetriebe eine Zusatz-Schmierung und einen Extrakühler verpaßt.
Während im Außenbereich noch vergleichsweise oft auf vorhandene Teile in den Ersatz- und Zubehör-Regalen zurückgegriffen werden konnte, war die Innenausstattung durchweg millimetergenaue Maßarbeit. So mußte ein digitaler Ladedruck-Anzeiger – Original im Porsche 935 eingebaut – in den Ojjeh-Porsche eingepaßt werden. Aufgewer-

tet wurde der Innenraum zudem durch eine Top-Stereo-Anlage, Lederverkleidung, dicken Boden-Teppichen und Walnußholz am Armaturenbrett.
Gut drei Monate arbeitete die Mannschaft um Meister Willret an diesem Sonder-Porsche, der in dieser Spezifikation nicht auf Deutschlands Straßen zugelassen werden konnte. Mansour Ojjeh hat sich seinen Traum eines straßentauglichen Renn-Porsche 935 erfüllt: Im Juli 1983 war die Übergabe im Werk. Über Preise wollte eigentlich keiner so recht sprechen, doch wurden 280.000 Mark nicht dementiert. Exklusivität hat seinen Preis. . .

**Mansour Ojjeh, Geschäftsmann aus Riyad, orderte einen »935 Street«. Basis für das Sondermodell ist ein Porsche 911-Turbo, Baujahr 2/83**

Zentralverschluß-Felgen mit 285/40 bzw. 345/35 Pirelli P7 bestückt.
Der Doppel-Heckflügel wie Motorhaube und Kotflügel stammen vom 935

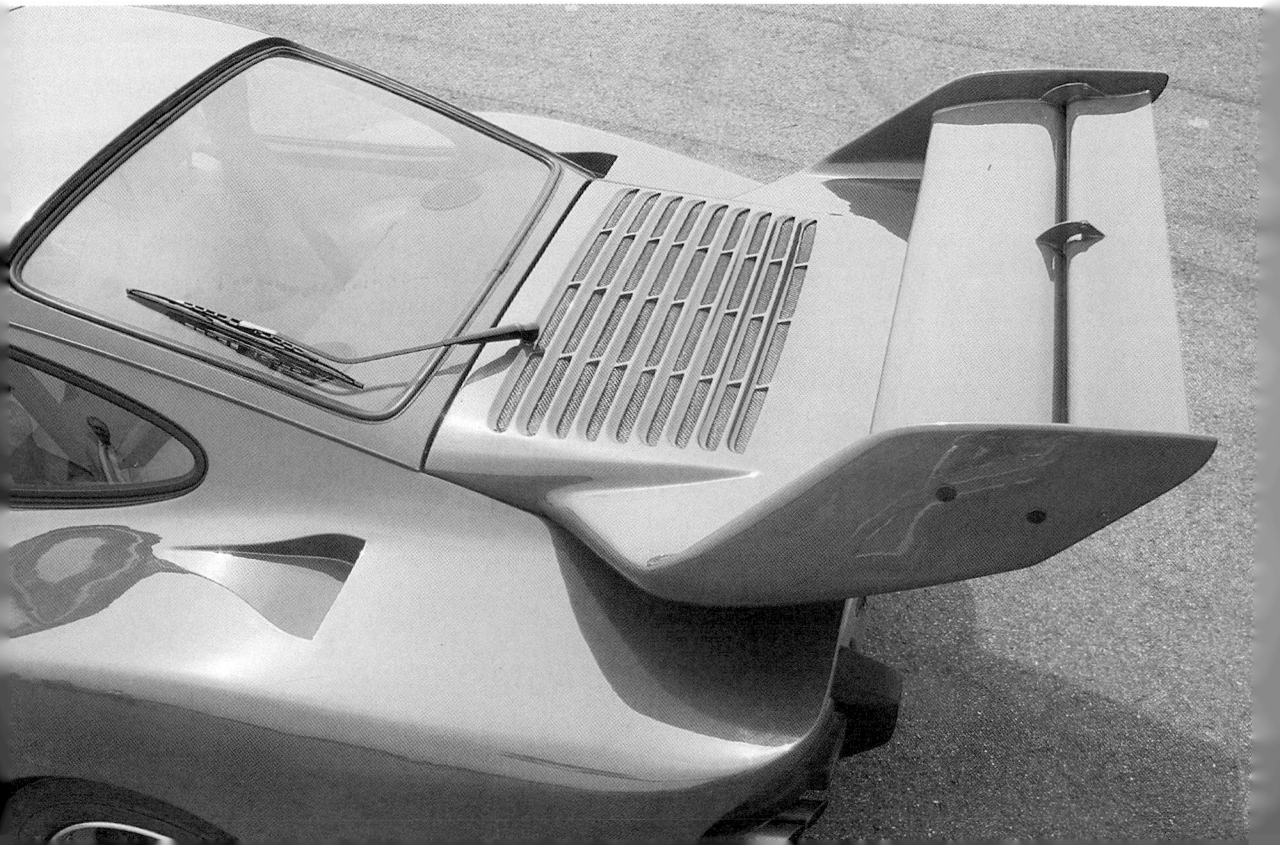

**Im Bug-Kofferraum findet eine Notrad-Sonderanfertigung knapp Platz**

**Mit Leder, Edelholz und Zusatz-Instrumenten aufgewerteter Innenraum**

**Der speziell behandelte 3,3-l-Sechszylinder Turbomotor leistet 370 PS**

Brandschäden von mehr als drei Milliarden Mark pro Jahr (!), 1000 Brandtote und ein nicht abschätzbarer Schaden in Milliardenhöhe durch technische Unfälle bewogen den Bundesminister für Forschung und Technologie zu einem Studien-Auftrag an Porsche: Das Entwicklungszentrum Weissach sollte unter Berücksichtigung verbesserter Fahrzeug-Technologien erforschen, wie der Einsatz von Feuerwehren optimiert werden kann.

Die Ergebnisse dieser Studie, in deren Mittelpunkt die Rettung von Menschenleben stand, wurden im August 1978 in Weissach bekanntgegeben. Porsche schlug als Feuerwehrsystem der Zukunft ein Modulkonzept vor, das auf vorhandenen Serienteilen und neu zu entwickelnden Komponenten mit speziellem Leistungsprofil aufgebaut und nach umfangreichen Einsatzanalysen optimiert worden ist.

Die Komponenten des ORBIT-Feuerwehrsystems (Optimierte Rettung und Brandbekämpfung mit integrierter technischer Hilfeleistung) sind eine Grundeinheit, bestehend aus Fahrgestell, Fahrerhaus und Aufbau mit Löschausrüstung und Werkzeug sowie eine Vielzahl von baugleichen, aber verschieden bestückten Ergänzungseinheiten. Die Komponenten können im Baukastensystem getauscht oder ergänzt werden. Das Fahrgestell dient vor allem als »Energieträger« mit

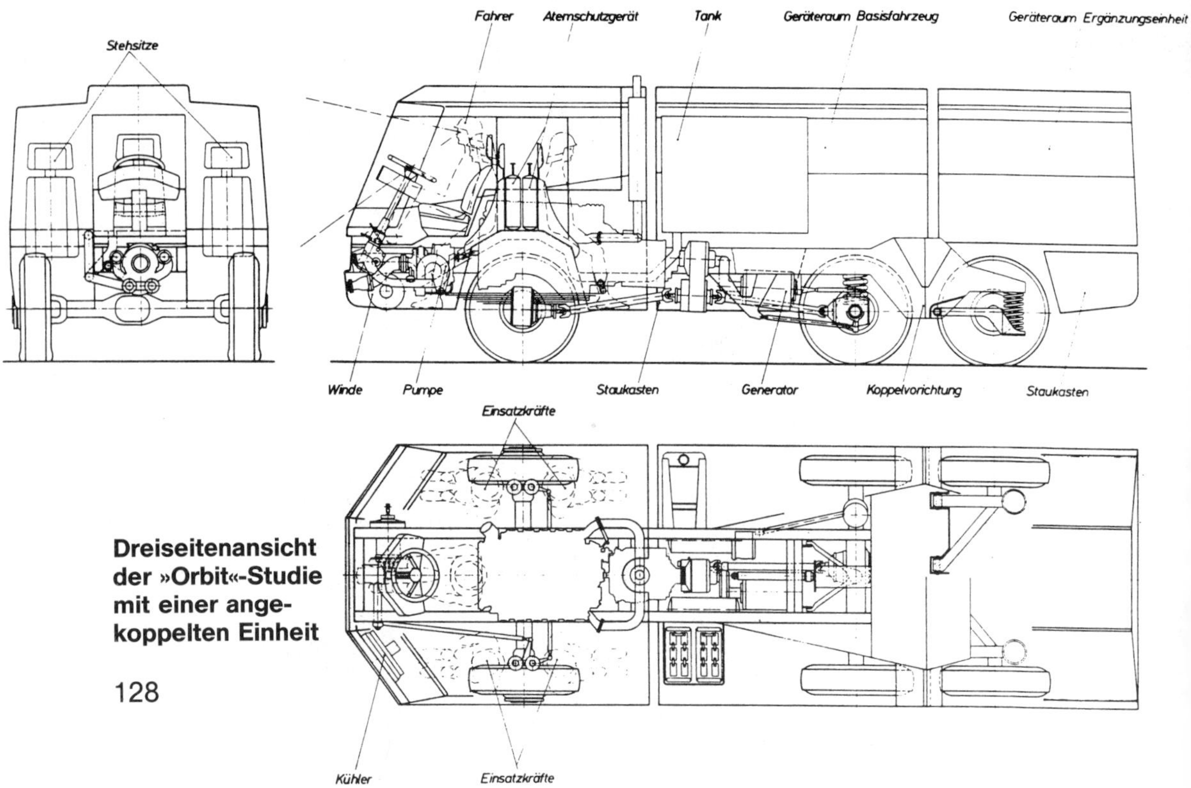


**Dreiseitenansicht der »Orbit«-Studie mit einer angekoppelten Einheit**

Antriebsmotor, Generator, Winde und Löschwasserpumpe.
Der Aufbau trägt die feuerwehrtechnische Ausrüstung für Brandeinsätze und technische Hilfeleistung für die meisten aller vorkommenden Einsatzfälle. Durch Addition mehrerer Aufbauten mit Fahrgestellen sowie durch die erstmals starre Ankoppelung von Ergänzungseinheiten lassen sich die restlichen der möglichen Einsatzaufgaben lösen.

Am Beispiel einer Stadt mit 300.000 Einwohner hat Porsche errechnet, daß die Investitionen für eine Feuerwehrausrüstung bisheriger konventioneller Bauart 11,6 Millionen Mark ausmachen, bei Verwendung des neuen Orbit-Feuerwehrsystems jedoch trotz sogar größerer Risikoabdeckung nur 9,4 Millionen Mark – das bedeutet eine rund 20prozentige Kostenersparnis bei Gewinn an Menschenleben und Sachwerten.

**ORBIT – Studie zu einem Feuerwehrsystem (Typ 2567) mit Modulkonzept (1978)** 

**Basiseinheit plus Ergänzungsteil, hier eine Rettungsleiter**

130

**Das Orbit-System mit Basisfahrzeug, Hubrettung und Ergänzungsteil**

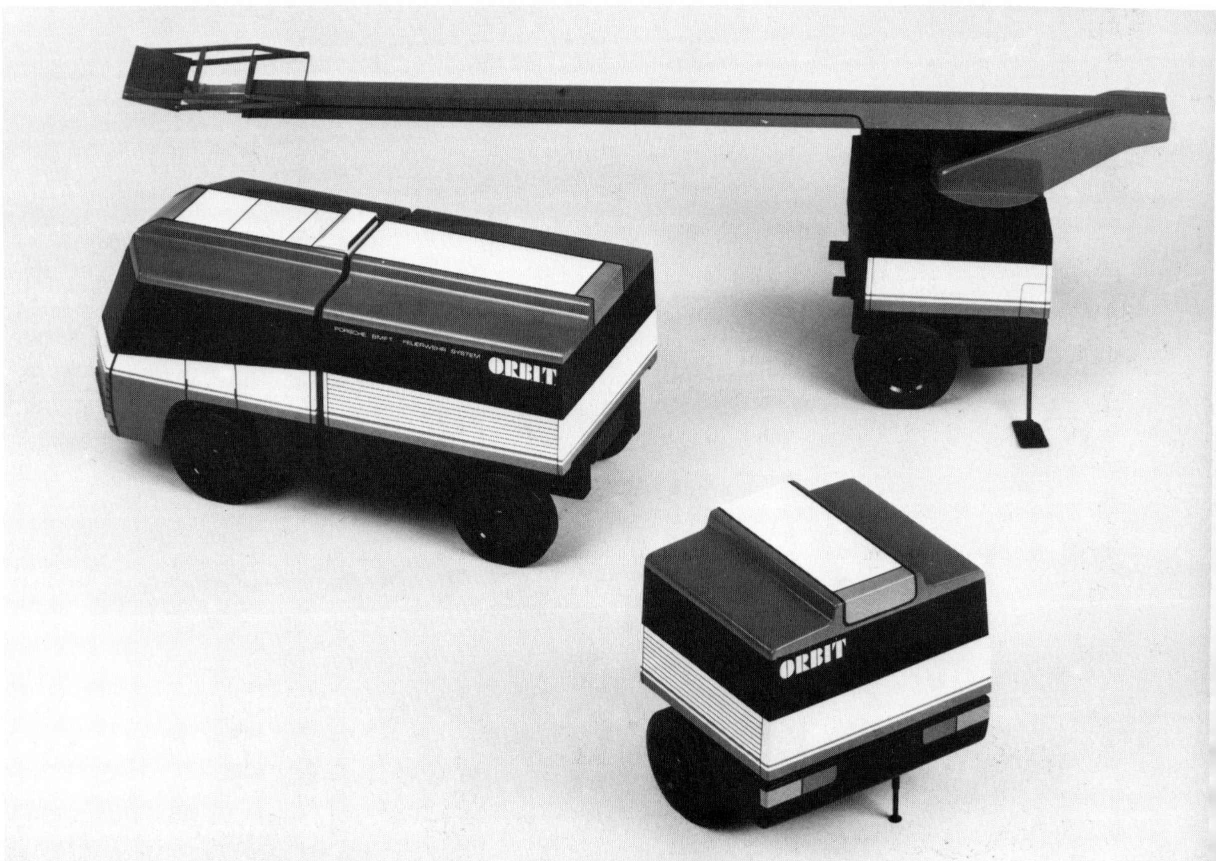

# OSTRAD-SCHLEPPER *Typ 175*

Als Alternative zu dem von Steyr entwickelten »Raupenschlepper Ost« (RSO), der trotz einiger Nachteile in etwa 16.700 Exemplaren gebaut wurde, konstruierte Porsche den sogenannten Ostrad-Schlepper – intern Typ 175.

Statt der Gleisketten wie bei Steyr, hatte dieser Gigant Stahlräder mit einem Durchmesser von 1,50 Meter und 30 bzw. 40 Zentimeter Breite. Dem vierradangetriebenen Monstrum diente, so jedenfalls das Porsche-Konzept, ein Vierzylindermotor mit 6 Liter Hubraum und 80 PS Leistung bei 2000/min als Antrieb! Vorgesehen war die Auslegung als Benzin-, Diesel- oder Holzgas-Motor (letzterer mit Aufladung). Zum Anlassen diesen gewaltigen Motors war ein halbierter VW-Motor mit 12 PS eingebaut. Bei Nenndrehzahl betrug die Höchstgeschwindigkeit 15 km/h!

Anfang 1943 startete Skoda in Pilsen mit einer Vorserie von 100 Exemplaren, wovon etwa die Hälfte fertiggestellt waren, als die Einstellung dieses Projektes befohlen wurde. Laut Porsche wurden inklusive der Versuchs-Fahrzeuge ca. 200 Exemplare gebaut und die Produktion eingestellt, weil die Nachteile der Eisenräder zu groß war.

Noch einige technische Daten zum Ostrad-Schlepper, Typ 175: Die Ein- oder Zweischeiben-Kupplung kam von Fichtel & Sachs. Es gab fünf Vorwärts- und einen Rückwärtsgang. Der Vorderradantrieb erfolgte durch Kegelräder mit der Übersetzung 1:4, ebenso der Hinterradantrieb. Die entsprechenden Gelenke stammten von Rzeppa. Die Laufräder waren eine Ganzstahl-Ausführung mit Stollenleisten, der Lenkradius betrug sieben Meter vorne außen.



**Ostrad-Schlepper (Typ 175): 1,50 m ∅ Stahlscheibenräder, ca. 30 cm dick. Vierzylinder-Vielstoffmotor mit 6-l-Hubraum und 80 PS bei 2000/min**

Schon seit Beginn der 30er Jahre beschäftigte sich das Konstruktionsbüro von Porsche mit Panzer-Fahrzeugen und allen daraus resultierenden Varianten. Allerdings ist die Panzer-Entwicklung so kompliziert, daß zur Klassifizierung ein Fachautor helfen mußte. Werner Oswald geht in seinem Buch »Kraftfahrzeuge und Panzer der Reichswehr, Wehrmacht und Bundeswehr« (Motorbuch Verlag) recht streng mit den ersten Versuchen von Porsche im Panzer-Geschäft um.
Oswald zum »Leopard« (Typ 100): Hitler forderte im Mai 1941 einen schweren Panzer-Kampfwagen. Am 20 April 1942 stellten Henschel und Porsche je einen Prototyp vor. Das Henschel-Modell war recht konventionell, während Porsche sein Modell mit vielen technischen Neuerungen versah. So gab es bei ihm als Antrieb zwei luftgekühlte Dieselmotoren eigener Konstruktion – V 10-Zylinder mit je 300 PS. Als allen klar war, daß die Entwicklungszeit schon allein für die Motoren zu lange dauern würde, sollte ein luftgekühlter 16-Zylinder-Dieselmotor in X-Form in den Panzer eingebaut werden. Aus denselben Gründen wie beim V 10 wurde eine Entwicklung nicht mehr gestartet und Porsche verlegte sich auf einen dieselelektrischen Antrieb.
»Hitlers liebster Panzer-Konstrukteur« (Oswald) baute interessant, aber für die Zeit zu kompliziert und produktionstechnisch viel zu schwierig. Bei der Demonstration der beiden Prototypen hatte zwar auch der Henschel-Panzer einige Mängel gezeigt, aber die waren geringerer Natur und durch konsequente Entwicklung abstellbar. »Der Porsche-Prototyp versagte völlig« (Oswald). Obwohl alle Fachleute der Meinung waren, den Henschel-»Tiger« (so der Name des Panzers) in der Entwicklung zu forcieren, befahl Hitler, die Serienfertigung für beide Panzer vorzubereiten. Henschel begann schon im August 1942 mit der Auslieferung der ersten Tiger-Panzer und schaffte bis zum Jahresende noch 83 Exemplare.
Der Porsche-»Tiger« (Typ 101), die aufgebesserte Version des Typs 100, »Leopard«, sollte in den Steyr-Werken gebaut werden. Doch die überaus komplizierte Technik führte dazu, daß nur etwa zehn Kampfwagen fertiggestellt wurden und diese auch keine Frontreife erreichten!
In die vorhandenen 90 Fahrgestelle wurden deshalb anstelle des noch immer unfertigen Porsche-Motors Maybach-Vergaser-Triebwerke eingesetzt. Die Firma Alkett baute dann noch die entsprechenden Aufbauten. Dieser Zwitter, ein Jagd-Panzer, erhielt offiziell den Namen »Elefant«, doch populär wurde »für diese eklatante Fehlkonstruktion der Spottname Ferdinand« (Oswald).
1943 gab es erneut Aufträge an die einschlägige Industrie, eine komplett neue Panzer-Generation zu entwerfen. Bei den zur Ausschreibung anstehenden sechs Grundmodellen E 5/10/25/50/

75/100 war Porsches Büro nicht beteiligt. Völlig unabhängig von diesen Vorgaben entwickelte Porsche nämlich seine eigenen Panzer-Ideen. Es handelt sich dabei um Objekte, die unter den Typen-Nummern 245, 250, 255 und 205 abgelegt sind. Speziell interessant ist hier die Typ-Nummer 205, ein fahrbarer Bunker mit 200 Tonnen Gewicht und der etwas untertriebenen Bezeichnung »Maus«. Zwei Prototypen, bei Kriegsende nahezu fertig, wurden kurz vor Ankunft der Russen gesprengt. Aus später vorgefundenen Teilen war zu entnehmen, daß der Bau von etwa zehn »Mäusen« geplant war.
Rund 15 Jahre später taucht der Name Porsche wieder in der Panzer-Technik auf: 1959 beauftragte das Bundesamt für Wehrtechnik zwei Firmen in Konkurrenz, einen neuen Standard-Panzer für die Bundeswehr zu konstruieren und je zwei Prototypen zu liefern.
Die Firmengruppe Porsche, Atlas-MaK, Luther und Jung konnten sich bei der Präsentation 1962 mit dem besseren Vorschlag durchsetzen. Der Porsche-Panzer (Typ 714) überzeugte durch die Form und den 10-Zylinder-Daimler-Dieselmotor, sowie die Verwendung einer bereits vorhandenen Kanone aus England.
Im Sommer 1963 entschied sich auch das Bundesverteidigungs-Ministerium für den Typ 714 und beauftragte Krauss-Maffei mit der Serienmontage. Dem Serienanlauf ging die Produktion von 28 Prototypen (1960-1962) und 50 Exemplaren einer Nullserie (1962/1963) voraus. Im September 1965 lieferte Krauss-Maffei den »Leopard«, wie nun offiziell hieß, in der endgültigen Produktionsform aus.
In vier Großvarianten (A1 bis A4) wurden insgesamt vom Leopard 1 über 2300 Fahrzeuge gebaut, wobei einer in seiner letzten, aktuellen Bauform 1,7 Millionen Mark kostete.
1970 kam es zu einem weiteren Entwicklungsauftrag des Bundes-Verteidigungsministeriums. Diesmal sollten Krauss-Maffei, Porsche und Wegmann auf der Basis des Leopard 1 einen fortschrittlichen Kampfpanzer, den »Leopard 2«, entwickeln. Ein von Daimler-Benz fertiger V 12-Motor mit 1500 PS und ein Automatik-Getriebe (Renk) sollten im Nachfolge-Leopard Verwendung finden. Bis 1975 baute Krauss-Maffei 20 Prototypen zur Erprobung.
Technisch gesehen ist dieser Leopard 2 wohl der beste Kampfpanzer der Welt, hat er doch im Vergleich zum Leopard 1 noch mehr Beweglichkeit, mustergültigen Panzerschutz und eine gesteigerte Feuerkraft zu bieten. Zur Zeit der Einführung des Leopard 2 kostete ein Exemplar drei Millionen Mark. Die Bundeswehr erhielt im Herbst 1979 ihre ersten Exemplare und soll bis 1986 über 1800 Kampfpanzer dieses Typs verfügen.
Der Porsche-Projektbereich Wehrtechnik war in den Jahren nach dem Krieg in der Entwicklung vom Konzept bis zur Serien- bzw. Versorgungsreife für folgende Objekte entscheidend beteiligt:
Leopard 1 und Leopard 2
Berge-, Brücken- und Pionier-Panzer
Pioniersysteme
Panzer-Haubitze 155-1
gepanzerte Radfahrzeuge
Späh-Panzer »Luchs«
Waffenträger »Wiesel«

## Leopard (Typ 100)

Anfang 1940 kam es zu einem Entwurf für einen mittelschweren Panzer mit 35 Tonnen Gewicht, benzinelektrischer Kraftübertragung und einer 7,5 cm-Kanone.
Um Innenraum zu sparen, waren neue Laufwerke (Kniehebel) mit längsliegenden Drehstäben vorgesehen, welche außen an der Wanne befestigt waren. Je Seite gab es sechs gummibereifte Doppellaufrollen. Der Durchgang des oberen Kettenturms wurde durch zwei Stützrollen gehalten.
Im Heck befanden sich zwei luftgekühlte 10-Zylinder-Motoren eigener Entwicklung und die damit verbundenen Generatoren. Die Übertragung erfolgte über zwei Elektromotoren, welche vorne in der Mitte der Längsachse hintereinander angeordnet waren und über Kegelräder und Planetengetriebe den Antrieb der Kette besorgten. In die Elektromotoren eingebaute Rutsch-Kupplungen schützten die Antriebe vor Defekten.
Die Versuche lieferten wertvolle Erkenntnisse der elektrischen Steuerung und Lenkung sowie über das Verhalten der luftgekühlten Motoren in einem Panzeraufbau. Während der ersten Versuche kam allerdings schon die Forderung nach stärkerer Bewaffnung und Panzerung, so daß die Versuche bald eingestellt wurden und die Umkonstruktion auf den »Tiger« (Typ 101) erfolgte.

*Abmessungen:*

| | |
|---|---|
| Spurweite | 2600 mm |
| Kettenbreite | 600 mm |
| Bodenfreiheit | 490 mm |
| Breite | 3200 mm |
| Feuerhöhe | 2220 mm |
| Kettenauflage | 3225 mm |
| Laufrollen ∅ | 600 mm |
| Länge | 6600 mm |
| Höhe | 3030 mm |
| Gewicht | 35 t |



**Der Leopard-Panzer (Typ 100) von Porsche war technisch aufwendig (1940).**

**Bei Probefahrten versagte der Typ 100, trotzdem wurde der Bau befohlen (1941)**



**Tests bei den Steyr-Werken – im Turm ganz rechts Professor Porsche**

## Tiger (Typ 101)

Nachstehend die technischen Daten des Panzer-Kampfwagens »Tiger« aus dem Porsche-Konstruktionsbüro, in direkter Nachfolge des Leopard (Typ 100). Auf der Basis des Typ 101 gab es noch die Variante, Typ 102. Hier war statt des Elektroantriebs ein hydraulischer Antrieb vorgesehen. Das Hydro-Aggregat lieferte die Firma Voith, die davon zwar 50 Stück baute, aber nur ein Exemplar kam zum Einbau. Der Typ 102 wurde vor Kriegsende nicht mehr fertiggestellt.

| | |
|---|---|
| Motor | 10-Zyl.-V-Motor, 2 Stück |
| Bohrung | 115 mm |
| Hub | 145 mm |
| Hubraum | 15 ltr |
| Verdichtung | 1:5,9 |
| Drehzahl | 2400 U/min |
| Max. Leistung | 320 PS x 2 = 600 PS |
| Anlasser | Bosch AL/SED mit Hilfsmotor Typ 141 |
| Antrieb | Benzin-elektrisch, E-Motor im Heck |
| Lenkung | stufenlos elektrisch |
| Höchstgeschwindigkeit | 35 km/h |
| Laufräder | 794 mm ∅ Stahl (gummigedämpft) |
| Spurweite | 2640 mm |
| Kettenauflage | 4175 mm |
| Kettenbreite | 640 mm |
| Länge über alles | 9340/6700 mm |
| Breite über alles | 3140 mm |
| Höhe über alles | 2800 mm |
| Zul. Gesamtgewicht | 57 bis 59 to |
| Kraftstoffvorrat | 520 ltr |
| Bewaffnung | 1 8,8 cm KWK 36 L/56 (70) + 2 MG 34 |
| Steigfähigkeit | 30° |
| Klettert | 780 mm |
| Watet | 1000 mm |
| Überschreitet | 2640 mm |



**Porsche-»Tiger« (Typ 101) war die aufgebesserte Version des Leopard**

Vom Tiger wurden nur etwa 10 Exemplare fertig – zwei davon im Bild

Panzerkampfwagen Tiger im Nibelungenwerk (Steyr) vor der Fertigstellung

Als »Ferdinand« bekannt gewordener Jagdpanzer mit Leopard-Fahrgestell

## Maus (Typ 205)

Dieser gewaltige Panzer erreichte nur das Prototypen-Stadium. Zwei von ihnen wurden so fertiggestellt, aber eine kampfbereite Version kam nicht mehr zum Einsatz. Interessant – siehe auch Zeichnung – ist die Spezialkonstruktion eines Eisenbahnzuges, der den Transport der »Maus« über Land besorgen sollte. Die nachstehenden technischen Daten ergeben einen Überblick über die gewaltigen Dimensionen.

*1. Fahrzeug-Hauptabmessungen, -Leistungen und -Gewicht:*

| | |
|---|---|
| Länge über alles, Rohr nach vorne | 10,085 m |
| Länge über alles, Rohr nach hinten | 12,659 m |
| Länge über alles, ohne Rohr | 9,034 m |
| Breite über alles | 3,67 m |
| Höhe über alles (ohne Antenne) | 3,63 m |
| Bodenfreiheit | 0,57 m |
| Watfähigkeit | 2,00 m |
| Höchstgeschwindigkeit | 20 km/h |
| Zulässige Dauergeschwindigkeit | 18 km/h |
| Kraftstoffverbrauch auf 100 km (Straße) | 1400 Ltr. |
| Kraftstoffverbrauch auf 100 km (mittelschweres Gelände) | 3800 Ltr. |
| Fahrbereich (Straße) | 186 km |
| Fahrbereich (mittelschweres Gelände) | 68 km |
| Fahrbereich ohne Abwurfbeh. (mittelschweres Gelände) | 42 km |
| Gefechtsgewicht | 188000 kg |

*2. Motor*

| | |
|---|---|
| Typ | MB 509 |
| Zylinder-Anordnung | hängend, V |
| Hubraum | 44,5 Ltr. |
| Dauerleistung bei 2300 U/min. (mit Gebl.Leistung) | 1080 PS |
| Kühlgebläseleistung | 120 PS |

*3. Fahrgestell:*

| | |
|---|---|
| Antriebsart elektrisch (Doppelgenerator und 2 Elektromotoren) | je 400 kW, 800 V |
| Übersetzung zw. El. Motor und Kettenantriebsrad | 1:25,44 |
| Übersetzung zw. El. Motor und Kettenantriebsrad im Bergg. | 1:48,68 |
| Laufrollenzahl pro Seite | 24 Stück |

Federungssystem: Porsche-Kniehebel mit Ausgleichwirkung

Laufrollensystem: Stahllaufringe, gummisparend

*4. Laufwerk*

| | |
|---|---|
| Kettenauflagelänge ohne Bodeneindrückung | 5,900 m |
| Kettenbreite | 1,100 m |
| Bodendruck bei 20 cm Einsinktiefe | 1,31 kg/cm² |
| Raddruck im Mittel | 3580 kg |

Bremse: Je eine Scheibenbremse pro Laufkette im Antriebsvorgelege, selbstnachstellend
Öldruck 60 atü und 2 Fußhebel als Standbremse mit 2 Handhebel und Seilzug.

Lenkung: elektrisch mit 2 Lenkhandhebeln und Fahrtregler.

*5. Bewaffnung und Munition*

1 KWK 12,8 cm L 55
1 KWK 7,5 cm L 36
1 MG 151/20 im Turm
1 MP im Turm
1 Nebelwurfgerät

Munition: Geschoß und Kartusche geteilt
12,8 cm-Patr., im Turm 25; in Wanne 43 = 68
7,5 cm-Patr., im Turm 125; in Wanne 75 = 200
zusammen = 268

*6. Besondere Anlagen im Fahrzeug:*

1 Hilfs-Otto-Motor mit 48 V/5,5 kW-Generator für Batterie-Aufladung, Maschinenraumheizung und Anfahrhilfe
1 Raumschutzanlage
1 Feuerlöschanlage
3 Entwässerungspumpen
1 Acetylen-Kältestartanlage mit Dissous-Acetylen-Gasflasche

**Vom Kampf-Panzer »Maus« (Typ 205, 200 t Gewicht) wurden nur zwei fertig**

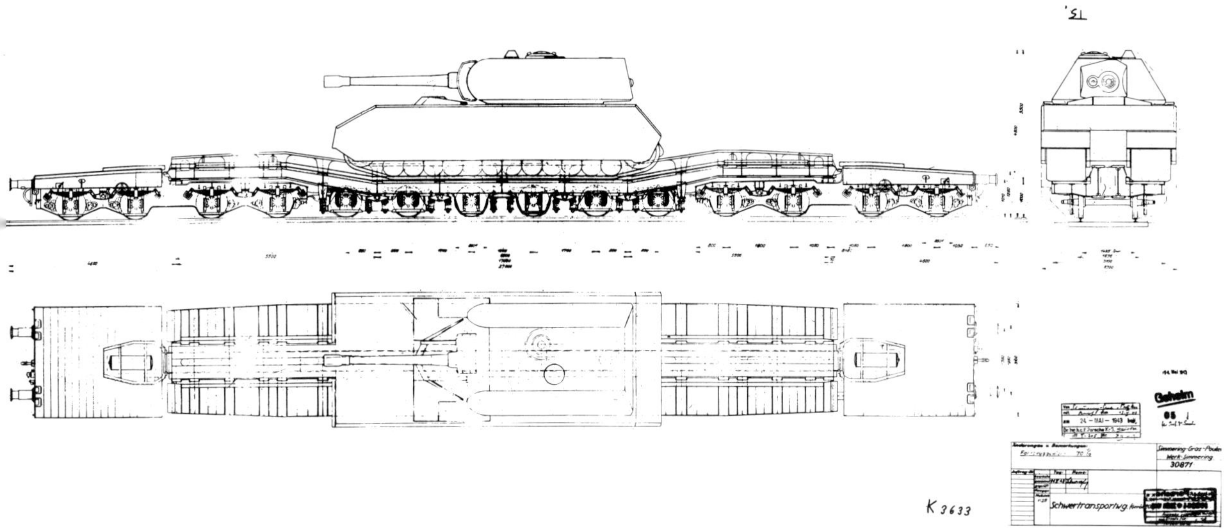


**Für den Transport der gigantischen Maus entwickeltes Transportsystem**

## Berge-Panzer »Standard«

Der mit dem »Leopard« verwandte Spezial-Panzer wurde von Porsche in Zusammenarbeit mit den Firmen MaK und Jung entwickelt. Mit 20-t-Kran, Räumschild, Bergewinde und einer umfangreichen Geräteausstattung ist der Berge-Panzer auf alle Situationen eingerichtet.

Er ist einfach und robust konstruiert, nach dem schon von Professor Porsche verfolgten Weg, alle stark beanspruchten Teile kräftig zu dimensionieren, alles übrige dagegen so leicht wie möglich zu bauen. Der Berge-Panzer ist leicht zu bedienen und zu fahren, erfordert aber dennoch von seiner vierköpfigen Besatzung Vielseitigkeit und technisches Können.

Die wichtigsten Daten: Länge 6,94 m, Breite 3,25 m Höhe 2,40 m, Hubraum

37,4 l, Leistung 830 PS bei 2200/min. Gewicht je nach Ausrüstung zwischen 40 bis 42 t. Steigfähigkeit 60 Prozent, Watfähigkeit 1,20 m, Tiefwatfähigkeit 2,25 m und Unterwasser-Fahrfähigkeit bis 4,00 m. Höchstgeschwindigkeit 65 km/h.

## Brücken-Panzer »Biber«

Zur großen Leopard-Familie gehört auch der von Porsche mitentwickelte Brücken-Panzer. Porsche hat zusammen mit den trilateralen Partnern umfangreiche Studien über Einsatzart und Verwendungszweck durchgeführt mit dem Ziel, einheitliche Systeme der Brücken und ihrer Verlegung zu finden. Die Lösung sieht eine im Querschnitt dreieckförmige Brücke vor, die aus Rampen- und Mittelabschnitten besteht und aneinandersetzbar sind. Bis zu 28 Meter können vom Verleg-Fahrzeug transportiert werden. Für eine Verlängerung auf 42 Meter und darüber hinaus, müssen entsprechend Teile nachgeführt werden. Die Kupplung und Verlegung der Brücken erfolgt ohne fremde Hilfe vom Fahrzeug aus. Sie werden dabei in Rollen geführt, von einem hydraulisch angetriebenen Verlegebalken getragen und mit dessen Hilfe auch ausgelegt.

**1963 begann die Produktion des Leopard (Typ 714) mit Daimler-Motor**

**Brückenpanzer »Biber« (Typ 807), gehört zur Familie des neuen Leopard**

## Waffenträger »Wiesel«

Für die Mobilisierung der als Infanteriewaffen konzipierten Waffensysteme war ein Fahrzeug zu entwerfen, das über die Trägerfunktion hinaus der mitzufahrenden Besatzung ausreichend Schutz bot. Zudem mußte die Transportfähigkeit des Gesamtsystems in der Luft möglich sein.

Innerhalb der variantenreichen »Wiesel-Familie« sind Triebwerk, Laufwerk und Sitze identische Baugruppen. Die Antriebsanlage ist vorne links im Fahrzeug neben dem Fahrer angeordnet. Es ist der in Großserie gefertigte Ottomotor (Audi EA 381, Typ 75) mit 100 PS und Normalbenzinbedarf. Das Fünfgang-Getriebe ist aus der Serie (Porsche 928) abgeleitet. Zwischen Motor und

**Waffenträger »Wiesel« mit 100 PS-Audimotor und Porsche 928-Getriebe**

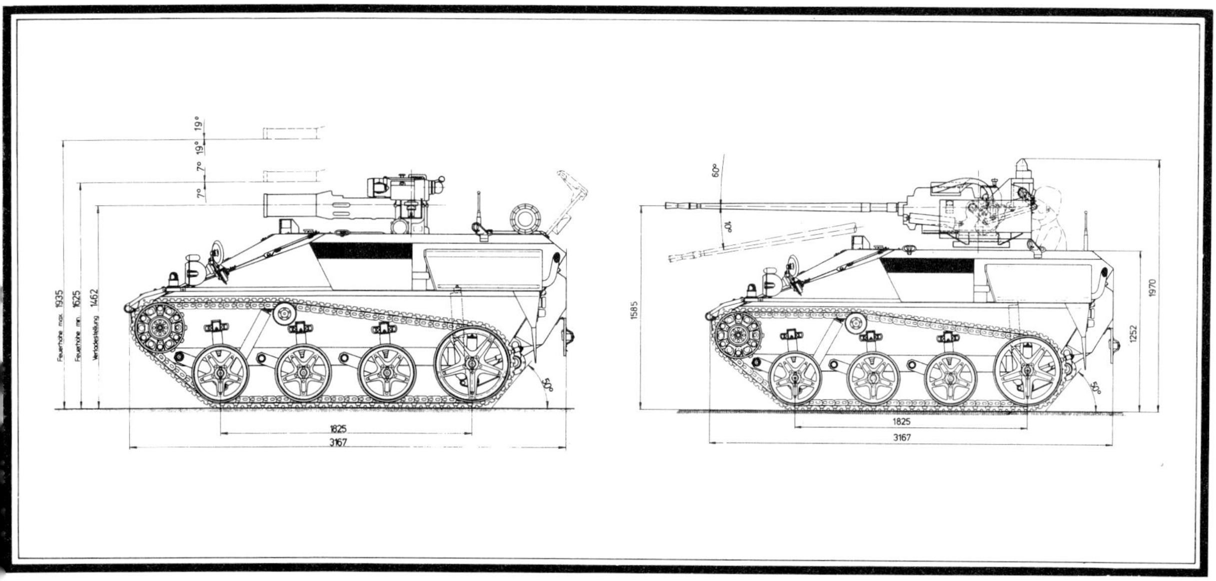

Getriebe steht ein Wandler, der Anfahren ohne Kupplung ermöglicht, also ein Abwürgen des Motors ausschließt.
Das Wendegetriebe wird mittels hydraulischen Lenkbremsen betätigt. Dadurch sind Lenkradien stufenlos von 2,6 Meter bis unendlich (Längsachse) möglich. Die Kühlanlage ist für eine Temperatur von minus 30 bis plus 44 Grad ausgelegt. Die Abgasanlage entspricht der Straßen-Verkehrs-Zulassungs-Ordnung (StVZO)!
Die Betriebsbremse wirkt auf beide Endabtriebe mit innenbelüfteter Bremsscheibe. Das frontangetriebene Fahrzeug wird von acht drehstabgefederten Laufrollen, je vier pro Seite, getragen. Der Wiesel ist 3,20 m lang, 1,82 m breit und 1,83 m hoch und wiegt in seiner schwersten Ausführung maximal 3050 kg.

**Leopard 2** (Typ 1906)

Der »Leopard«-Kampfpanzer der neuesten Generation ist 7,73 Meter lang, 3,54 Meter breit und 2,49 Meter hoch. Das Gefechtsgewicht liegt knapp über 50 Tonnen. Der Motor stammt von Daimler-Benz und ist ein abgasaufgeladener 12-Zylinder mit 39,8 Liter Hubraum und 1500 PS bei 2600/min. Das Leistungsgewicht des Leopard-2-Motors beträgt 1,57 kg/PS. Das Getriebe allein wiegt 2100 Kilogramm und umfaßt vier Vorwärts- und zwei Rückwärtsgänge.
Als zusätzlichen Stromerzeuger gibt es einen Zweizylinder-Vielstoffmotor – entweder 22 PS-Diesel, 20 PS-Otto oder 9 kW-Generator-Leistung. Die Höchstgeschwindigkeit für den Leopard 2 liegt bei 68 km/h, die Steigfähigkeit bei etwa 60 Prozent und bis zu einer Tiefe von 5,50 Meter ist der Leopard auch noch unter Wasser beweglich.



**Leopard 2 und »Leo 1«: Porsche-Weissach leistete die Entwicklungsarbeit für eine der erfolgreichsten Panzerkonstruktionen**

# PICK UP

*914-6-Basis*

Für den Amerikaner Dick Troutman aus Costa Mesa, Kalifornien, ergab sich eine gute Chance, seinen Wunsch nach einem Pick-up-Wagen mit sportlichem Touch zu realisieren, als ihm ein verunfallter Porsche 914-6 angeboten wurde. Der Heckschaden dieses Mittelmotor-Zweisitzers wurde bis zur hinteren Trennwand des Motors abgeschnitten und nach einem eigenen Entwurf neu in Blech geformt.
Fahrwerk und Chassis erfuhren dabei keine Veränderungen. Die Miniladefläche endet hinten in einer Heckwand, die klappbar ist. Das Gesamtfinish dieser Veränderung schien jedenfalls gelungen, denn einige der Kunden von Troutman, der eine Karosserie-Reparatur-Werkstatt besitzt, fanden diesen Pick-up mit Porsche-Technik so reizvoll, daß sie gleiches besitzen wollten. Der 2-l-Motor von Porsche blieb bei diesem Facelifting mit 100 PS Leistung unberührt.

**Porsche 914-6 mit Mini-Ladefläche als Pick-up-Wagen umkonstruiert. Fahrwerk und Chassis des 914-6 erfuhren keine Veränderung (2 l, 100 PS)**

Das im Auftrag des Porsche-Werkes vom italienischen Karosserieschneider Pininfarina gefertigte Einzelstück entstand im Herbst 1969. Die Karosserie des Serien-911 mit der Fahrgestell-Nummer 320020 änderte »Pinin«, indem er zuerst den Radstand kräftig verlängerte. Er wurde später mit 2460 mm angegeben. Der Wendekreis mit 11,70 Meter im Mittel geriet allerdings etwas groß. Fahrwerk, Getriebe, Kupplung und der 2,2-l-Sechszylindermotor mit 180 PS blieben weitgehend serienmäßig.

Der intern »B 17« benannte Viersitzer stand an der Vorderachse auf Boge-Hydromat-Beinen und an der Hinterachse fanden sich Stoßdämpfer von derselben Firma. An Vorder- und Hinterachse waren zudem Querstabilisatoren mit 15 mm Durchmesser eingebaut. Der lange 911 rollte auf Michelin XAS-Reifen der Größe 185 VR 14, aufgezogen auf 6-Zoll-Fuchs-Felgen.

Doch geriet der Pininfarina-Porsche mit 1135 Kilogramm zu schwer und auch die Achslastverteilung veränderte sich ungünstig: 39 Prozent auf der Vorderachse und 61 Prozent auf der Hinterachse!

1975 unterzog man dem Einzelstück einer kräftigen Überarbeitung. Die Karosserie wurde dabei optisch auf Carrera getrimmt und mit Frontspoiler sowie Kotflügelverbreiterung versehen. Die nun montierten 7- und 8-Zoll-Felgen trugen Dunlop-Reifen der Maße 185/70 VR 14 vorn und 215/60 VR 14 hinten.

An der Vorder- und Hinterachse kamen Koni-Dämpfer zum Einbau, womit auch die Voraussetzungen für die Umrüstung auf den 2,7-l-Carrera-Motor (210 PS) gegeben waren.



**Um 60 cm verlängerter, viersitziger Porsche 911, von Pininfarina (1969)**

Fahrwerk, Getriebe, Kupplung und Motor (2,2 l, 180 PS) wie Serienmodell

Hintere Sitzmulden wie Original, allerdings mit vergrößertem Fußraum

**1975 wurde das Einzelstück kräftig überarbeitet, z. B. Carrera-Look**

**Fahrwerk mit 7+8-Zoll-Felgen sowie Koni-Dämpfer statt Hydromatanlage**

**Die Aufrüstung umfaßte auch den Motor – 2,7-l-Carrera mit 210 PS**

# POLIZEI-PORSCHE *356/911/912/914/924*

Die schnellen Sportwagen aus Stuttgart sind seit 1956 auch bei der Polizei in aller Welt ein begehrtes Objekt.
Die Vorzüge, die jedes Jahr Tausende Privatleute eines der Zuffenhausener Coupés erwerben ließen, prädestinierten dieses Mobil auch für die Polizei. Zur Überwachung des Autobahnverkehrs, zur Begleitung wichtiger Politiker und Spezialaufgaben mußten diese Wagen natürlich speziell hergerichtet werden.
Die aufwendige Elektrik und neuerdings Elektronik in Verbindung mit viel zusätzlichen Lampen, Scheinwerfern und Hupen bedingte zum Beispiel eine höhere Stromabgabe über eine besondere Lichtmaschine.
Die Funksprechanlage mit allen Nebenaggregaten nutzt den letzten Winkel im Kofferraum. Zusätzliche Halterungen auf dem Dach faßten die Blaulicht-Lampen.
Doch im Gegensatz zu den vergangenen Jahren sind die heutigen Polizei-Porsche in ihrem äußeren Erscheinungsbild recht unauffällig. Die Technik versteckt sich noch weiter im Innenraum, damit die Polizei der Aufgabe einer Überwachung des Verkehrsflusses und ihrer Teilnehmer ungehindert vornehmen kann.

**Seit der Vorstellung des Typs Porsche 356 sind die gängigen Modelle aus dem Produktangebot für ihre Einsätze speziell ausgestattet worden.**

148 **Die Polizei in aller Welt schätzt den Porsche als schnelles, zuverlässiges Fahrzeug**

Der 911 (Targa), auch der 912, der 914 und 924, werden seither mehr oder weniger diskret in ihrem Aufgabengebiet (Überwachung und/oder Schutz) eingesetzt.

# POLL-PLATJE

*356 Motor*

1956 entstand dieser Spyder-Eigenbau mit Porscheteilen. Der Sohn des VW-Händlers Poll in Hilversum baute ihn nach eigenen Ideen. Das Mittelmotor-Fahrzeug – Motor vor der Hinterachse – hatte eine VW-Pendelachse, anfänglich einen 1300er-Porsche-Super-Motor und einen Rohrrahmen. Dieser Rahmen wog alleine nur 45 Kilogramm, der ganze Wagen, Platje genannt, rund 400 Kilogramm. Der Tank lag im Bug und faßte 28 Liter Benzin.

Der 1300er-Motor leistete bei 6000/min gute 67 PS, die Schmierung blieb serienmäig. Im vierten Gang wurden um die 200 km/h Höchstgeschwindigkeit erreicht.

Der Fahrer Wim Poll wurde mit diesem Wagen verschiedene Male holländischer Meister. Als Porsche den 1600er-Motor anbot, wurde der »Poll-Platje« entsprechend umgerüstet.

**Der Mittelmotor-Spyder mit Porscheteilen entstand 1956 in Holland. Mit dem »Poll-Platje« wurde sein Erbauer verschiedene Male Meister**

Mitte der 50er Jahre wurde er in Amerika recht bekannt, der »Pooper« von Peter Lovely. Auf einem Cooper-Formel-Fahrgestell hatte er eine strömungsgünstige Karosserie gesetzt und darunter den 1500 S-Motor aus dem Typ 356.
Lovely konnte bei einigen Rennen die Original-Porsche-Spyder, Typ 550, in rechte Verlegenheit bringen.

**»Pooper«: basiert auf einem Cooper-Fahrgestell mit 1,5-l-Porschemotor. Der Südafrikaner Peter Lovely setzte den »Pooper« erfolgreich ein**

Parallel zum Typ 22, dem Auto Union-GP-Wagen, entwickelte das Porsche-Konstruktionsbüro ein weiteres Projekt für die Auto Union: ein Sport-Coupé, das vom Rennwagen abgeleitet werden sollte.

Vom Typ 52 wurden 1935 zwei Prototypen gebaut, von denen heute außer Zeichnungen und technischen Daten nichts mehr erhalten ist. Dieser Wagen hatte drei Sitze nebeneinander, wobei das Lenkrad in der Mitte plaziert war!

Der Mittelmotor war eine gedrosselte Ausführung des 16-Zylinder-Rennmotors mit knapp 5 Liter Hubraum (eine andere Quelle nennt 4,4 Liter) und Kompressor-Aufladung. Die 200 PS sollten sich bei 3650/min einstellen und das maximale Drehmoment schon bei 2250/min.

Der verstärkte Plattformrahmen nahm vorn und hinten die Einzelradaufhängung auf, sowie hydraulische Stoßdämpfer. Das Fünfgang-Getriebe lag hinter der Hinterachse. Weitere interessante technische Details: Eine Nockenwelle steuerte alle 32 Ventile, die Kurbelwelle war 10-fach gelagert. Acht Solex-Doppelvergaser mit 48 mm ⌀ besorgten das richtige Gemisch. Eine Dreischeiben-Kupplung nahm sich den kräftigen PS an und sorgte dafür, daß der 1300 kg-Sportwagen im höchsten Gang eine Spitzengeschwindigkeit von über 190 km/h erreichte – 1935! Bei einem Radstand von drei Meter und Felgen mit 20-Zoll-Durchmesser gab dieser Wagen ein imposantes Bild ab.

Von vorn sah der »52«, durch die Verwendung des gleichen Kühlers wie im Rennwagen, diesem recht ähnlich. Die Seitenansicht zeigte eine hoch angesetzte Gürtellinie mit verhältnismäßig kleinen Fenstern. Die Dachlinie ging in einer eleganten Linie direkt in den Heckabschluß über. Nach dem Bau der beiden Prototypen beschloß der Auftraggeber das Projekt einzustellen.

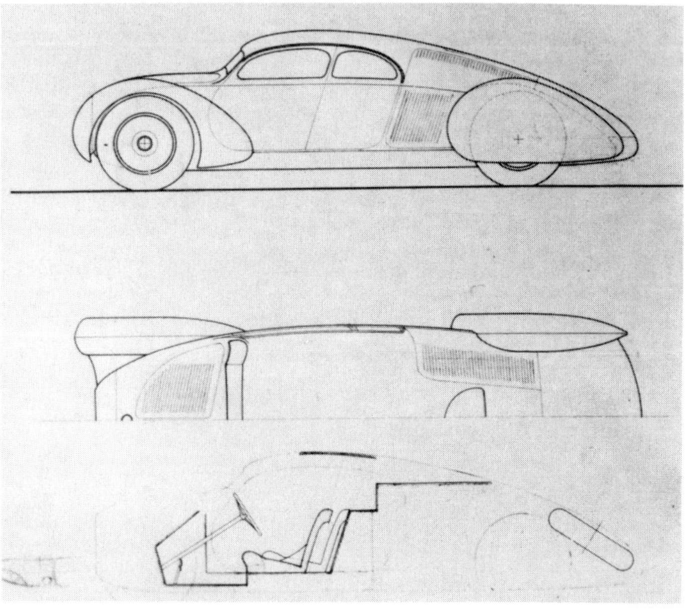

**Ein vom AU-Grand-Prix-Rennwagen abgeleitetes Super-Sport-Coupé (1935)**

TECHNISCHE DATEN - Sportwagen Typ 52

**A. Motor, Getriebe, Triebachse, Lenkung.**

MOTOR
Zylinderzahl 16
Zylinderanordnung V, je 8 Zylinder, 45° Winkel
Zylinderbohrung 68 mm
Zylinderhub 75 mm
Verdichtungsverhältnis E = 4,80
Hubraum gesamt 4358,02 ccm
Maximale Leistung 200 PS
Maximale Drehzahl 3650 Umdreh/min
Bestes Drehmoment 4450 cmkg
Drehzahl für bestes Drehmoment 2250 Umdreh/min
Maximale Literleistung 45,8 PS/Ltr
bester effektiver mittlerer Druck 12,9 at
oberer effektiver mittlerer Druck 11,3 at
Zylinderausführung freistehende Büchsen, Grauguß, Blockkonstruktion
Kurbelgehäuse Leichtmetall
Zylinderkopf Leichtmetall
Ventilanordnung hängend
Ventilanzahl je 1 Saug und Auslaß je Zylinder
Steuerung 1 Nockenwelle für alle 32 Ventile
Nockenwellenantrieb durch Vertikalwelle und Kegelräder
Übersetzung der Vertikalwelle 1 : 1,5 ins Schnelle
Kurbelwellenlager 10 malige Gleitlagerung, Bleibronze
Pleuellager Gleit oder Rollenlager
Kurbelwelle 8 Hubzapfen, harte Laufflächen, ungeteilt
Kolben Leichtmetallkolben, Fabrikat E.C.
Ölreinigung durch verschiedene Siebe
Luftreinigung E.C. Filter am Vergaser, auch Geräusch-Dämpfend
Zündung durch 2 Bosch-Magnete, 1 : 1 laufend
Zündverstellung automatisch
Zündfolge 1-6-2-5-8-3-7-4, je Seite
Zündkerze Typ Bosch, 1 je Zylinder, 18 mm Gewinde
Kompressor stets mitlaufend, 190 mm Flügellänge
Kompressorübersetzung 1 : 1,894 ins Schnelle $(1,5 \cdot \frac{24}{19})$
Kompressorschmierung Bosch-Öler
Liefermenge des Bosch-Ölers 72 ccm je 1 Stelle, 1 Stunde u. 20 Touren
Übersetzung des Ölers Schnecke 1 : 50, Räder 1 : 2, insgesamt 1 : 168
Haupt-Ölpumpe dopplete Zahnradpumpe
Übersetzung 1 : 2,8 ins Langsame
Schmierung Druckschmierung
Anlasser Bosch BJH 1,4/12 R 3
Anlasser Zahn Übersetzung 99/8 12,37
Lichtmaschine Bosch RKC 130/12
Lichtmaschinenantrieb gemeinsam mit Ventilator durch Keilriemen 1 : 1
Batterie Spannung 12 Volt. 60 Amp/h (12 x 60 Kr W 320)
Vergaser Solex, Doppelvergaser, horizontal, Größe 48
Kraftstofförderung DBU Pumpe
Kühlung Wasserpumpe am Motor, Kühler vorne, Jalousie
Kühlung des Öles Ölkühler vorne
Kupplung 3 Scheiben, in Öldunst wirkend

GETRIEBE
Räder mit Klauenschaltung, 1. Gang u. Rücklauf Schubrad

| Untersetzungen: | | | |
|---|---|---|---|
| Gang | 5 | 1 : 1,25 | ins Schnelle |
| | 4 | 1 : 1 | |
| | 3 | 1 : 1,25 | ins Langsame |
| | 2 | 1 : 1,575 | " " |
| | 1 | 1 : 2 | " " |
| Rückwärts | | 1 : 1,72 | " " |

Wagengeschwindigkeiten bei $n_{Motor}$ = 3500 Umdreh/min

| | | |
|---|---|---|
| Gang 5 | .... | 191 km/h |
| " 4 | .... | 153 " |
| " 3 | .... | 122 " |
| " 2 | .... | 97 " |
| " 1 | .... | 76,5 " |
| Rückwärts " | .... | 89 " |

Wagengeschwindigkeiten bei $n_{Motor}$ = 3650 Umdreh/min
Gang 5 ,... 200 km/h (Höchstgeschwindigkeit)
Art der Schaltung Kugelschaltung, Mitte
Schubübertragung Hinterachsstreben
Antrieb Hinterräder, Heckmotor
Triebachsübersetzung 13 : 43 1 : 3,3076
Triebachsausführung Kegelräder
Triebachs-Differential Z.F., selbstsperrend

LENKUNG
Spezial Spindellenkung
Übersetzung 2¼ Umdreh. am Lenkrad für ganzen Einschlag
Lage der Lenkung in der Mitte
Spurstange geteilt
Wendekreis-Durchmesser 12 m

**B. Rahmen, Federung, Bremsen, Räder, Maße, Gewichte.**

RAHMEN
verdrehungssteifer Kastenrahmen

FEDERUNG
Vorderradaufhängung System PORSCHE
Vorderradfederung Stabfeder mit hydr. Stoßdämpfer
Hinterradaufhängung Schwingachse mit Streben
Hinterradfederung Stabfeder mit hydr. Stoßdämpfer
Schmierung Zentralschmierung System W.V.

BREMSEN
Vierradbremse hydr. System A.T.
Fußbremse wirkt auf 4 Räder
Handbremse wirkt auf Hinterräder (Seilzug)

RÄDER
Fabrikat Hering
Art Drahtspeichenrad, Typ 80 kurz
Felge Tiefbett 3,25 E - 20
Reifen vorne 5,50 - 20
hinten 5,50 - 20

Spurweite vorne 1390 hinten Strecklage 1394
Radstand 3000
Größte Wagenlänge ............... Größte Wagenbreite ..........
Größte Wagenhöhe ................
Bodenfreiheit 140 mm bei Reifen 5,50-20
Gewicht des Fahrgestells 850 kg, Aufbau 450 kg, Gesamt 1300kg x
Anzahl der Sitzplätze 3.
Kraftstoffbehälter-Inhalt ca 110 Ltr

K3419

| Änderung: Nr. | Dat. | Gültig ab | Mittlg. Nr |
|---|---|---|---|
| | | | |

Bezeichnung: TECHNISCHE DATEN
Werkstoff:
Stückzahl:
Dimension:

| Maßstab: | Datum: | Gezeichnet: | Kontrolliert: | Gesehen: |
|---|---|---|---|---|
| | | | | |

Type: 5 2 — Z.Nr. Sk 857

Gew. roh pro 1 Stück | Gew. fertig pro 1 Stück | Ersatz für: | Ersetzt durch:

x Gewicht fahrfertig mit 3 Pers. 70 kg Gepäck, 150 kg Betriebsmittel: 1750kg

Das technische Datenblatt mit imponierenden Werten für Motor und Wagen

# PORSCHE

*Typ 514*

Als Porsche 1951 für das 24-Stunden-Rennen in Le Mans eine Einladung erhielt, war man sofort bereit zu kommen. Einen speziellen Rennwagen hatte Porsche aber damals noch nicht. Doch die 356-Alu-Coupés aus der Gmünder Produktion schienen für das Vorhaben gut geeignet.
Zwei Coupé, die später Porsche 356 SL (= Super Leicht) genannt wurden, sollten die Marke Porsche und die Farben Deutschlands in Frankreich vertreten. Gegenüber den normalen 356 hatten die »SL« geschlitzte Stahlbleche statt Heckfenster, einen auf 78 Liter vergrößerten Benzintank, einen außenliegenden Benzin-Einfüllstutzen und verkleidete Radausschnitte. Weiterhin waren die Felgen mit größeren Löchern versehen, um zusätzliche Luft an die Bremsen zu bringen, und unter Bug und Heck sorgten Leitbleche aus Aluminium für einen zügigen Luftdurchfluß.
Die 1086 cm$^3$-Motoren leisteten in der Le Mans-Ausführung 46 PS und brachten damit das nur 635 Kilogramm schwere Coupé auf eine Höchstgeschwindigkeit von gut 160 km/h!
Allerdings stand der Einsatz des Zweiwagen-Werksteams unter einem anfänglich schlechten Stern: Beide Wagen wurden bei Probefahrten auf



**24h-Rennen LeMans/F 1951: Klassensieg für das Alu-Coupé (Typ 514).**

**356 SL: 1,1 l, 46 PS, 635 kg, 160 km/h, aerodynamische Hilfsmittel**

öffentlicher Straße in Unfälle verwickelt und stark beschädigt. Ein Reservewagen wurde schnellstens präpariert und aus den zwei defekten Alu-Coupés ein neuer Wagen gebaut. Im offiziellen Training verunglückte von diesen beiden Werks-356-SL wieder ein Wagen und so startete nur das französische Team Auguste Veuillet und Edmond Mouche. Sie belegten Platz 20 unter 29 plazierten Teams und gewannen ihre Klasse.

Schon bald nach der Produktionsaufnahme des Porsche 356 gab es Überlegungen, das 2+2-Coupé zu einem echten Viersitzer-Modell zu verlängern. Unter der Typenbezeichnung 530 wurden so 1951/52 zwei Prototypen mit 2400 mm Radstand gebaut: ein Coupé und ein Cabriolet. Beiden Wagen waren mit einem 1,5-l-Vierzylinder ausgerüstet.
Beim 530-Coupé saßen die Stoßstangen noch unterhalb der Karosserie. Das Dach ging in ein Stufenheck über, wobei sich die hinteren Seitenscheiben dieser Neigung anpaßten und nach hinten öffnen ließen. Für die Fond-Passagiere, die quasi zwischen den hinteren Radkästen saßen, ergaben sich dadurch etwas verbesserte Platzverhältnisse gegenüber dem Original-Coupé 356. Um das Einsteigen nach hinten zu erleichtern, waren auch die vorderen Türen vergrößert.
Beim Cabriolet waren die Stoßstangen seitlich herumgezogen. Dieser Cabriolet-Prototyp hatte ein Faltverdeck, hintere Kurfelfenster (!) und umklappbare Rücksitzlehnen zur Erweiterung des Kofferraums (wie auch beim Coupé). Technisch entsprachen beide Prototypen dem Porsche 356 in der Ausführung des Baujahres 1952. Sie wogen fahrfertig rund 910 Kilogramm. Nach ausführlichen Erprobungen wurde die Serienfertigung aus Marketinggründen verworfen.

**1951 gab es zwei Prototypen-356 in viersitzer Ausführung (Typ 530). Nach ausführlicher Erprobung wurde die Serieneinführung verworfen** ▷

PORSCHE

Aus der über 50jährigen Tradition heraus verbindet das Haus Porsche eine enge technische Kooperation mit dem Volkswagenwerk, hat doch Professor Porsche mit der Konstruktion des »VW Käfer« und der Stadt Wolfsburg den Grundstein für dieses Automobilwerk gelegt.

Die Entwicklungs- und Auftragsarbeiten von Volkswagen an Porsche füllen alleine einige Bücher. Doch sind ein Großteil dieser Arbeiten entweder für dieses Buch unerheblich, oder die Daten unterliegen bis heute noch der Geheimhaltung. Trotzdem nachstehend einige prägnante Beispiele.

Schon zu Beginn der 50er Jahre, der eigene »Porsche« wurde gerade erst richtig bekannt, stellten die Stuttgarter den Wolfsburgern Varianten zum oder neben dem Käfer vor, wie zum Beispiel einen kleinen Sportwagen auf VW-Basis, der starke Ähnlichkeit mit dem hauseigenen Typ 356 hatte.

Der Typ 534 entstand 1952/53, war ein geschlossener Wagen mit verkürztem VW Käfer-Radstand (2100 mm) und selbsttragender Karosserie. Als Antrieb war ein knapp 1000 ccm großer Motor, der bei einer Verdichtung von 6,5:1 gute 26 PS lieferte. Das Viergang-Getriebe stammte von Porsche, die Kupplung von VW, sowie auch die meisten anderen mechanischen Teile und Aggregate. In der Serienversion sollte ein Maximal-Leergewicht von 650 Kilogramm angestrebt werden. Die Achslastverteilung lag bei 43:57 (Vorder-/Hinterachse). Dieser Prototyp wurde im Herbst 1953 dem damaligen VW-Generaldirektor Nordhoff vorgestellt. Nach der Präsentation verblieb das »Muster« im Porsche-Werk, um irgendwann später, auf Wunsch von VW, verschrottet zu werden.

Eine weitere typische Auftragsarbeit von Volkswagen an Porsche war der Typ 728 (EA 53). Mit den ersten Skizzen zu diesem Wagen hatte Porsche bereits 1954 begonnen, doch bis zur Vorstellung der Prototypen dauerte es noch bis zum Frühjahr 1960. In der Frontpartie stark an den VW Typ 3 erinnernd, war das Heck als Stufen- bzw. Fließheck ausgebildet.

Doch auch dieses als Nachfolger des Käfers gedachte Projekt kam nicht über das Erprobungsstadium hinaus. Obwohl die äußerst schwachen Motoren (0,8 bis 0,9 Liter Hubraum und 26 bis 32 PS) aus der ersten Version noch schnell auf 1,3 Liter (42 PS) aufgestockt wurden, kam etwa ein Jahr später das Aus von Wolfsburg.

Eine Studie von Porsche für einen kleinen VW-Sportwagen (Typ 534)

**Der Typ 555, ein viersitziger Volkswagen mit Heckmotor à la Porsche**

Porsche-Entwicklung 728, Stufen-/Fließheck mit 0,9 l Hubraum und 26 bis 32 PS 

Bereits 1959, als der Porsche 356 noch in voller Blüte stand, wurde ein Programm genehmigt, auf der Basis dieses 356 einen neuen, viersitzigen Porsche-Sportwagen zu konstruieren. Ende 1959 begann der damalige Design-Chef Ferdinand Alexander »Butzi« Porsche und sein Team mit der Arbeit am Projekt »695«, oder intern auch »T 7« genannt (T 5: Porsche 356 von 1959; T 6: Porsche 356 von 1961).

Porsche übernahm den Radstand vom Versuchs-Typ 530 (siehe Seite 156) und setzte darauf eine Karosserie, die sich vom Modell 356 stark entfernte und bereits an den später folgenden Porsche 901/911 erinnerte: Die Kotflügelkonturen waren noch stärker herausgearbeitet, die Stoßstangen in die Karosserieform integriert und große Glasflächen oberhalb der Gürtellinie vorgesehen. Insbesondere die Heckscheibe imponierte durch ihre Größe.

Für den Innenraum gab es neu gestaltete Instrumente und -träger, auf den hinteren Halbschalensitzen konnten zwei Erwachsene – mit einigem Wohlwollen – Platz nehmen. Die Rückenlehnen der hinteren Sitze waren nach vorne klappbar und konnten so die Gepäckraumfläche bei Bedarf erheblich erweitern.

Im Winter 1961 war der Typ 695 soweit fertig, daß er für Testfahrten herangezogen werden konnte. Hinten war das Fahrwerk im wesentlichen mit dem Modell 356 identisch, nur vorne hatte Porsche eine McPherson-Aufhängung installiert. Ein Problem stellte sich allerdings bei der Frage nach der richtigen Motorisierung: Die vorhandenen Vierzylinder-Triebwerke waren entweder zu schwach oder aber zu aufwendig für eine Serienproduktion. So kam es denn 1961 zum Auftrag, einen Sechszylinder-Motor (Typ 745) zu entwickeln. Der 2-l-Boxermotor mit zwei Axialgebläse ging schon 1962 auf den Prüfstand und entwickelte dort 120 PS bei 6500/min. Das war noch zuwenig, und so folgte eine 2,2-l-Version, die endlich die geforderte 130 PS-Mindestleistung brachte.

Der Typ 695 mit dem neuen Porsche-Sechszylinder-Motor war im Frühjahr 1962 startbereit. Doch personelle Veränderungen brachten auch eine neue Konzeption für die Modellpolitik. Ferry Porsche entschied sich schlußendlich gegen den Viersitzer-Porsche und forcierte wieder die ursprüngliche Philosophie des klassischen 2+2-Coupé.

Aber ein gutes hatte der »T 695« gebracht: Er diente in vielen Detaillösungen als Vorbild für den »901«, aus dem 1963/64 der später weltberühmte Porsche 911 wurde. Der Vorläufer dieses Modells und seines Motors, der ja ebenfalls in der Art nicht in Serie ging, ist im Porsche-Museum zu besichtigen.

**Prototyp T 7, Vorläufer zum Porsche 911, vom Designstudio 1959 fertiggestellt**



**Im Winter 1961 begann der Typ 695 (911-Vorläufer) mit dem Testprogramm**

Am 6. Juli 1970 wurde der mit der internen Nummer 911/C 20 versehene Porsche-Viersitzer fertiggestellt. Die Karosserie – Fahrgestell-Nr. 911.030.0004 – war vor dem Querrohr um 300 mm verlängert worden, die vorderen Befestigungspunkte für den Vorderachslenker um ca. 45 mm nach oben verlegt; dafür Zwischenflansche montiert, um wieder Serienstellung zu erhalten. Weiter wurden die oberen Dämpferbein-Befestigungspunkte und der Nachlauf geändert.

Als Antriebsquelle war ein 2,2-l-Sechszylinder mit 180 PS eingebaut. Das Fünfgang-Getriebe blieb serienmäßig, weil das stärkere Getriebe Typ 915 nur mit einer weiteren Änderung der Karosserie hätte eingebaut werden können. Die Bremse blieb ebenfalls original und stammte vom 911 S. Die Vorderachse erhielt einen 15 mm ∅-Stabilisator und Koni-Dämpferbeine. Die Hinterachse mußte angepaßt werden, da die Lenker um 50 mm verlängert wurden. Auch hier gab es einen 15 mm ∅-Stabilisator und Koni-Dämpfer.

Als Bereifung waren Michelin 185/70 VR 15 auf 6-Zoll breiten Fuchsfelgen vorgesehen. Der Radstand des weiterhin zweitürigen 911 betrug 2615 mm, war aber in diesen Maßen nicht endgültig, wie aus einer Notiz vom Versuch in Weissach hervorgeht.

Recht groß geraten war übrigens der Wendekreis, der im Mittel gut 12 Meter betrug! Das Leergewicht lag bei 1126 Kilogramm, wobei die Verteilung auf Vorder- und Hinterachse 43 zu 57 Prozent betrug. Etwas besser als beim Pininfarina-Versuch, ein 911-Coupé zum Viersitzer zu machen (siehe Seite 144).



**Intern C20 genannt, blieb dieser Viersitzer-911 ein Einzelstück (1970)**

Die »Wolf-im-Schafspelz«-Philosophie wurde bei diesem Mittelmotor-Porsche bis zur Perfektion getrieben. Äußerlich gleicht der Wagen bis auf einen extra Motorölkühler unter der vorderen Stoßstange dem Original-914-6. Und auch im Innenraum weist nur ein bis 10000/min ausgelegter Drehzahlmesser darauf hin, daß hier Ungewöhnliches stattfindet.
In den frühen 70er Jahren wurde zum Gestehungspreis von etwa 100.000 Mark in einen 914-6 ein Achtzylinder-Porsche-Triebwerk installiert. Dieser für den damaligen Cheftechniker des Hauses Porsche, Ferdinand Piech, gebaute 914-8 erhielt den Zweinockenwellen-Rennmotor eingebaut. Selbst mit einer Straßen-Auspuffanlage lieferte das aus dem Typ 908 wohl bekannte Achtzylinder-Kraftwerk noch gut 300 PS, wobei schon ab etwa 2500 Umdrehungen reichlich Leistung angeboten wurde.
Der Ton des Motors, wenn er über 7000/min gedreht wurde und die acht Bosch-Einspritzdüsen mit vollem Druck arbeiteten, blieb für alle Umstehenden ein nachhaltiges Erlebnis. Das Fehlen eines dämpfenden Luftfilters wurde allerdings auch zur Plage für die beiden Insassen.
Speziell dieser Punkt konnte beim zweiten gebauten 914-8 abgemildert werden. Dr. Ferry Porsche erhielt diesen Wagen zu seinem 60. Geburtstag von der Belegschaft geschenkt. Mit vier Doppel-Vergaser und Luftfilter bestückt, sank auch die Leistung noch einmal um rund 30 PS, aber es blieb genügend übrig. Dr. Porsches 914-8 entsprach noch mehr der Vorstellung eines Normal-Autos. Allerdings war das ansonsten herausnehmbare Dachteil bei diesem Wagen aus Stabilitätsgründen fest verschraubt. Dafür blieb der Chrom erhalten und die Felgenbreite mit 7-Zoll-Felgen recht human. Dr. Porsche fuhr sein »Geschenk« über 10.000 Kilometer auf öffentlichen Straßen – bei einer möglichen Höchstgeschwindigkeit von über 230 km/h.

166 Porsche 914 mit Achtzylinder für Dr. Porsche (3 l, 270 PS, 230 km/h). Die Ausführung für den Technik-Chef Piech blieb fast rennmäßig

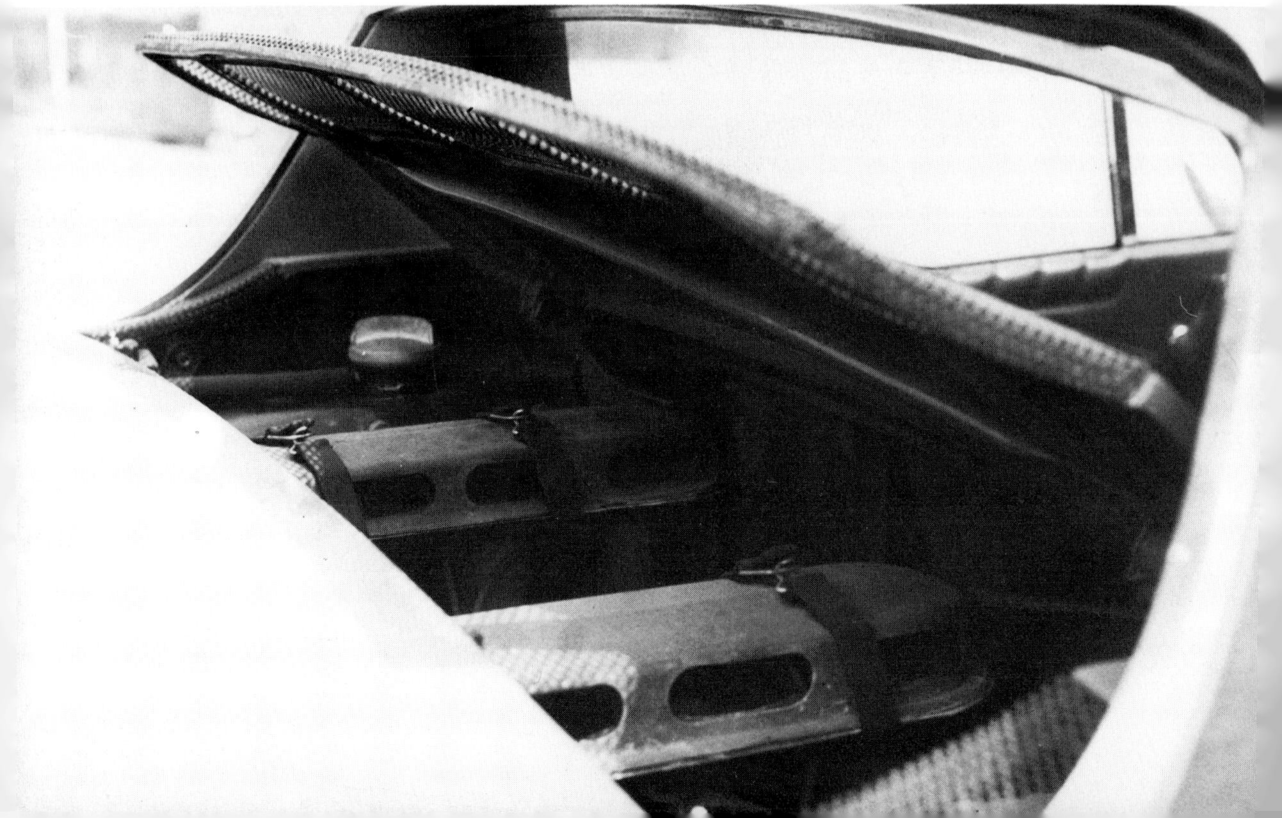

Zu seinem 75. Geburtstag (am 19. September 1984) erhielt Dr. Ferry Porsche von den Werksangehörigen einen »928 S« geschenkt, der über nahezu vier vollwertige Sitzplätze verfügt.
Der Auftrag zu diesem Einzelstück wurde im Januar des gleichen Jahres dem Prototypenbau in Weissach erteilt.
Als erstes wurde eine Rohkarosse des Typs 928 um 25 Zentimeter verlängert.
Um Fondpassagieren das Einsteigen auf die hinteren Sitze zu erleichtern, stellte man auch die B-Säule senkrechter. Aus dem Bemühen um das Wohlbefinden eben derselben Mitfahrer, resultierte auch die Überlegung, das Dach nach hinten möglichst lange gerade zu verlängern. Aus der Seitenperspektive ergibt sich daraus fast die Karosserieform einer Kombi-Limousine.
Auf Wunsch des Porsche-Chefs erhielt der 928-4 neue Vorderkotflügel mit sogenannten Peilkanten.
Als Antriebsquelle installierten die Techniker den brandneuen 5-l-V8-Motor mit Vierventil-Zylinderkopf, allerdings auf 310 PS gedrosselt. Dieses Aggregat ist aber immer noch in der Lage, den 1625 Kilogramm schweren Edel-Viersitzer in 6,5 Sekunden auf 100 km/h zu beschleunigen und eine Höchstgeschwindigkeit von rund 260 km/h zu realisieren.
Geschaltet wird mit einer neuen Viergang-Automatik, die von Daimler Benz entwickelt wurde. Das Fahrwerk blieb, mit Ausnahme einer härteren Feder-/Dämpferabstimmung unverändert.
Daß das Interieur dem Empfänger entsprechend ausgefallen ist, bedarf keiner langen Erklärungen: Computerprogrammierte Vordersitze, Telefon, Tempostat, Alarmanlage und eine Stereo-Autoradioanlage von Blaupunkt.



**Geschenk der Werksangehörigen an Dr. Ferry Porsche zum 75. Geburtstag: Ein 928 S als vollwertiger Viersitzer**

Professor Porsche konnte es noch selbst erleben, wie seine Schlepperpläne für die friedliche Nutzung aus dem Jahre 1937 verwirklicht wurden. Auf der 40. DLG-Ausstellung in Frankfurt/Main 1950 war die Premiere für »seinen« Schlepper, den Typ AP 17.
Vieles an diesem Porsche-Schlepper war neu und sehr fortschrittlich: der luftgekühlte Motor mit der für damalige Verhältnisse hohen Drehzahl, die Ölzentrifuge, die Leichtbauweise von Motor und Getriebe, die Portalachse, die Spurbreitenverstellung, die ölhydraulische Kupplung und nicht zuletzt der konkurrenzfähige Preis.
Die Firma »Porsche-Diesel-Motorenbau« hat ihre Produktionsstätten in Manzell, einem Vorort von Friedrichshafen am Bodensee. Vom AP 17 bis zu einem Angebot von vier Schlepper-Varianten vergingen nur sechs Jahre. Der kleinste Porsche-Diesel besaß einen 11 PS-Einzylindermotor, der nächstgrößere einen Zweizylinder mit 22 PS, dann folgte der Dreizylinder mit 33 PS und – logisch – der Vierzylinder-Diesel mit 44 PS Leistung.
Dieses System baute darauf auf, daß jeder Einzelzylinder immer ein Bohrung-Hub-Verhältnis von 95 mm zu 116 mm hatte und quasi beliebig vergrößert werden konnte – sehr günstig für die Ersatzteillagerung und Reparatur. Der Hubraum für den Einzylinder betrug 822 $cm^3$ und brauchte je nach Zylinderzahl nur addiert werden.
Die Luftkühlung erfolgte durch ein Gebläse, die Anzeige dazu durch ein Fernthermometer und ein akustisches Warnsignal bei Überschreiten der Höchstgrenze. Alle Schlepper konnten auf einem sehr engen Kreis wenden. Denn es bestand die Möglichkeit, ein Hinterrad einzeln zu bremsen und dadurch den Schlepper auf dem jeweils blockierten Rad drehen zu lassen. Unterhalb des Vier-/Fünfgang-Getriebes lag ein Sondergang, mit dem ein Porsche-Diesel nur 0,7 km/h fuhr, also nur 700 Meter in der Stunde schaffte! Anfahren konnte man jeden Schlepper praktisch in allen Gängen, da ein Abwürgen des Motors dank der hydraulischen Kupplung unmöglich war. Der Motor starb nicht ab, sondern kuppelte sich aus, der Schlepper blieb abrupt stehen, während der Motor im Leerlauf weitertuckerte.
Die Fahrzeugspur war entsprechend den wechselnden Erfordernissen verstellbar. Beim kleinsten Porsche zum Beispiel von 1,00 Meter auf 1,60 Meter! Teilweise serienmäßig, teilweise gegen Aufpreis gab es hydraulische Kraftheber und/oder verschiedene Zapfwellen zum Antrieb von Arbeitsgeräten und weiteren Landwirtschafts-Maschinen.
Auch gut zehn Jahre nach der Vorstellung des ersten Porsche-Schleppers wurden im nun »Standard« und »Super« genannten Porsche-Diesel-Schlepper noch immer die gleichen Getriebegehäuse wie im AP 17 verwendet. Über

50000 Stück waren bis dahin aus der gleichen Form gegossen worden, ebenso gut 150.000 identische Zylinderköpfe.
In den Urahn der Porsche-Schlepper, den AP 17, paßte auch jetzt noch ein 22 PS-Austauschmotor oder sogar ein 25-PS-Aggregat aus der neueren Serie, weil Flanschmaße und Abmessungen vieler Einzelteile über Jahre unverändert geblieben waren.
Ende der 50er Jahre war der Junior der kleinste Porsche-Schlepper. Sein Einzylinder leistete 14 PS, wobei sein Brennstoffverbrauch je Stunde im Jahresmittel ein Liter betrug. Der Typ Standard war der direkte Nachkomme des »AP 17« von 1950. Sein ebenfalls luftgekühlter Zweizylinder-Diesel leistete 25 PS. Dazu gab es noch den Super, ein Dreizylinder-Diesel-Schlepper mit 36 PS. Für alle Modelle gab es unter der Bezeichnung »H« wahlweise die ölhydraulische Kupplung.

**Der Ackerschlepper (Typ 110, Ausführung I) kam etwa 1939 auf den Markt**

**In der Ausführung »S 7« saß der Fahrer hinten, plus Ladefläche vorn**

**Der Schlepper I mit vorn angeordnetem Sitz, Leichtbauweise und Diesel**

**Der Version »S 2«: Fahrersitz plus Lenkeinheit nach hinten montiert**

**Der »110« in der Topausstattung mit allem landwirtschaftlichen Zubehör**

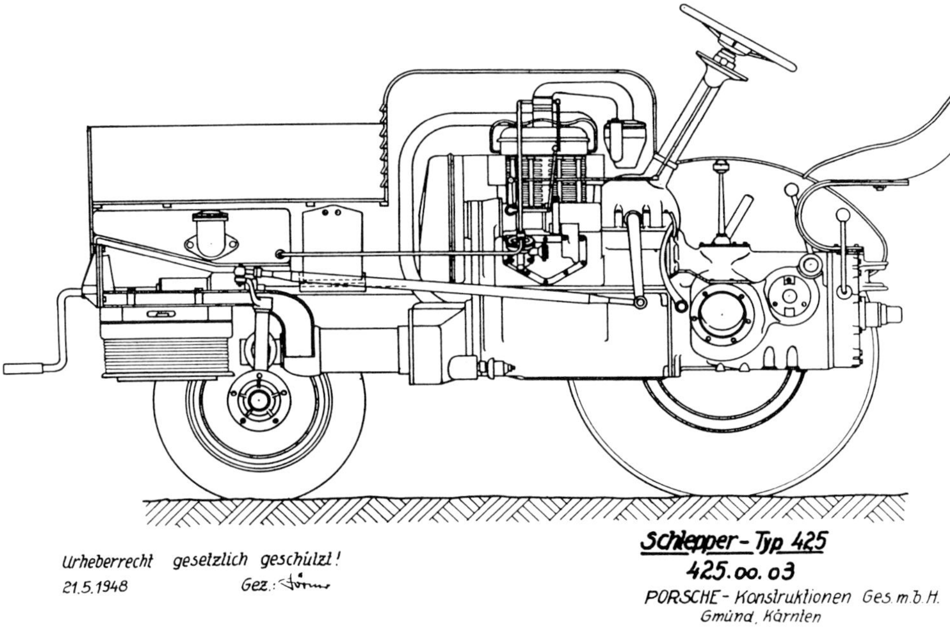


1948 konstruierte Porsche die neue Schlepper-Serie (Typ 425/111-113)

Einblicke in den Schlepper-Typ 425 – später bekannt als 111 bis 113

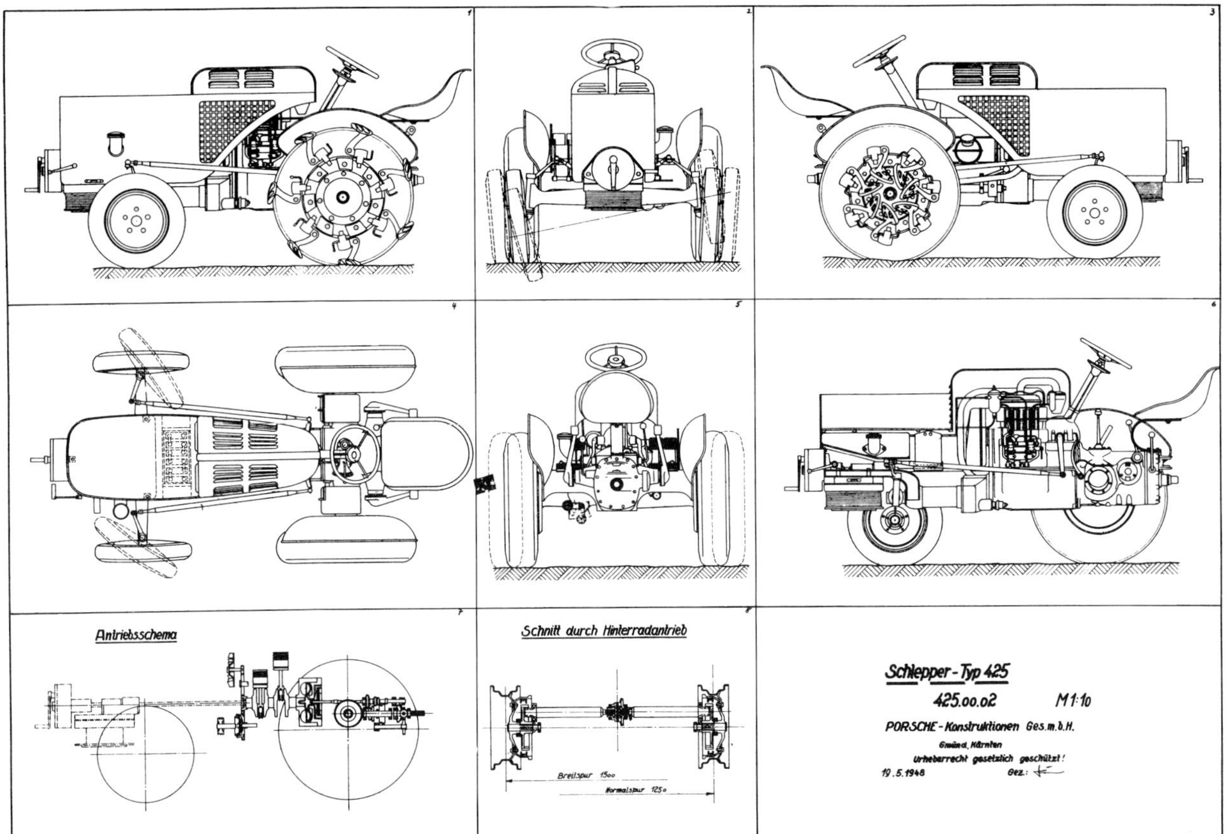

**Der Dieselmotor, vom 1- bis 4-Zylinder, lieferte zwischen 11 bis 44 PS**

172 **Versuchs-Schlepper mit Holzgas-Generator von 1943 (Typ 112/1)**

Sonderanfertigung für eine Plantage: Typ 535 von 1953/54 auf Basis 111

Porsche-Diesel (Allgaier) in der Version A 111 (12 PS) von etwa 1954

Die in die Allgaier-Schlepper und -Traktoren eingebauten Dieselmotoren (siehe dort) sind Entwicklungen der Firma Porsche. Ab der Typen-Nummer 2086 gab es die Baureihe schnellaufender 1-, 2-, 3- und 4-Zylinder luftgekühlter Dieselmotoren mit 12 bis 48 PS. Diese Motoren zeichneten sich durch eine kompakte Bauweise und durch weitgehende Vereinheitlichung ihrer Bauelemente aus. Dadurch wurden denkbar günstige Voraussetzungen für die kostensparende Herstellung und Wartung geschaffen.
Aufgrund ihres günstigen Leistungsgewichtes eigneten sich die neuen Dieselmotoren sowohl als Industriemotor für Generator-, Gebläse-, Pumpen- und Kompressor-Aggregate, als auch als Einbaumotoren für Schlepper, Landmaschinen und ähnliche Fahrzeuge.
Die in Reihe angeordneten luftgekühlten Zylinder-Baugruppen sind einzeln austauschbar. Sämtliche Wartungsarbeiten konnten so, infolge des übersichtlichen Aufbaus, mit wenigen Handgriffen erledigt werden. Dem eigentlichen Motor ist ein raumsparendes Hochleistungs-Kühlgebläse organisch angefügt. Die Luftkühlung macht den Motor von Wasser und Leitungssystemen unabhängig, so daß er unter allen klimatischen Bedingungen sofort einsetzbar ist.

Die Daten im einzelnen:
1 Zylinder (Typ 2086): Bohrung/Hub 88x96 mm, Hubraum 584 $cm^3$, Verdichtung 20:1, Leistung 12 PS bei 3000/min, Wirbelkammer-Einspritzung mit Zapfendüse und Stabglühkerze. Trockengewicht 150 kg.
2 Zylinder (Typ 2087): Daten wie Typ 2086, aber 1168 $cm^3$ Hubraum, 24 PS bei 3000/min und 180 kg Trockengewicht.
3 Zylinder (Typ 2088): Daten wie Typ 2086, aber 1752 $cm^3$ Hubraum, 36 PS bei 3000/min und 210 kg Trockengewicht.
4 Zylinder (Typ 2089): Daten wie Typ 2086, aber 2336 $cm^3$ Hubraum, 48 PS bei 3000/min und 242 kg Trockengewicht.

Der Dreizylinder-Diesel (Typ 2088) mit 36 PS aus dem Allgaier-Schlepper

Typ 2089: Vierzylinder-Diesel mit 2336 ccm und 48 PS bei 3000/min

# RADLADER *80/120/200 PS*

Von Mai 1964 bis Oktober 1967 wurde von Porsche eine Radlader-Bauserie in drei Leistungsstufen (80, 120 und 200 PS) entwickelt. Der Umfang des Projektes umfaßten: Marktanalyse, Konzeptstudien, Entwurf, Konstruktion, Beschaffung und Erstellung der Prototypen und Vorerprobung.

Die Hauptmerkmale der Radlader-Baureihe: Hydraulisch gesteuerte Knick-Lenkung, lastschaltbares Getriebe mit vier Vor- und Rückwärtsgängen, hydraulischer Drehmomentwandler, Einhandbedienung für Fahrschaltung und Schaufelsteuerung sowie eine Auslegung auf Langzeit-Betrieb.

**Fremdauftrag von der Marktanlayse über Konstruktion bis Vorerprobung**

Mit dem Wunsch, einen der im Rennsport so erfolgreichen Porsche 917 auf der Straße fahren zu wollen, brachte Graf Gregorio Rossi di Montelera die Porsche AG nur kurze Zeit ins Grübeln. Trotz aller Skepsis erwarb der Chef der Spirituosen-Firma Martini & Rossi 1975 einen der letzten noch im Werksbesitz befindlichen 917 K. An Modifikationen für den geplanten Straßenbetrieb ließ er nur ein absolutes Minimum zu: Schalldämpfer, Sicherheitsgitter über dem Gebläserad und zwei Außenspiegel.
Graf Rossi liebt die Dinge im Original und deshalb muß ein deutscher Rennwagen, wie sein 917, auch silberfarben lackiert sein, konsequenterweise ein französischer blau, ein italienischer rot, ein englischer grün, usw. Die Straßenzulassung beschaffte sich der Graf im US-Staat Alabama (Heart of Dixie).
Eine Probefahrt zwei Monate vor der Abholung in Weissach verlief für beide Seiten erfolgreich: Das 620 PS-Coupé präsentierte sich wieder in einem ausgezeichneten Zustand und Graf Rossi bewegte den Porsche 917 in flottem Stil um den Kurs.
Bei der Übernahme des Wagens am 28. April 1975 erhielt Graf Rossi ein Handbuch, in welchem u. a. die Geschichte dieses Wagens niedergelegt war. Das Coupé mit der Fahrgestell-Nummer 917.030 hatte Porsche im Januar 1971 gebaut und mit der Start-Nummer 28 beim 1000 km-Rennen in Zeltweg/Österreich unter Marko/Larrousse sein einziges Rennen bestritten – in den Farben von Martini & Rossi selbstverständlich. Als erster Rennwagen der Welt war der 917.030 in diesem Rennen mit einer Anti-Blockier-Bremsanlage (ABS) ausgerüstet. Ein Unfall in Zeltweg beraubte den 917 aller Siegeschancen. Danach diente dieses Coupé der Rennabteilung als Versuchsträger für das ABS-System, bis es eingemottet wurde und durch den Grafen Rossi 1975 wieder aktiviert wurde.
Nachmittags um vier Uhr, am 28. April, startete Graf Rossi mit seinem Privatsekretär auf dem Beifahrersitz in Richtung Paris. Am nächsten Morgen folgte Vollzugsmeldung in Stuttgart: noch vor Mitternacht hatte man die heimatliche Garage in Paris erreicht, ohne Probleme und mit einem akzeptablen Verbrauch von rund 30 Liter Superbenzin auf 100 Autobahn-Kilometer. Die einzige Fahrtunterbrechung hatte es an der deutsch-französischen Grenze gegeben. Ein französischer Zollbeamter holte einen Gendarm zu Hilfe, zwecks Einordnung des gesichteten Fahrzeuges. Der Gendarm befand das ihm phantastisch erscheinende Mobil durchaus tauglich für den Straßenverkehr in Frankreich. . .

**Zugelassen für die Straße, ein Porsche 917 für Graf Rossi (Martini). Der 917.030 stammt vom Januar 1971 und bestritt das 1000 km-Rennen auf dem Österreichring**

Nach diesem Einsatz (mit ABS-Anlage!) wurde der 917 Versuchsträger.
Im April 1975 durften die leicht gedämpften 620 PS wieder galoppieren

Kurz nach dem zweiten Weltkrieg begannen in Deutschland auch wieder die Motorsport-Veranstaltungen auf der Rundstrecke und bei Rallyes. Für die engagierten Privatfahrer waren zu Beginn der 50er Jahre die neuen Porsche gerade das rechte Mittel. Allerdings schien einigen das 356 Coupé nicht für alle Einsatzzwecke optimal geeignet und so gab es zu jener Zeit ständig neue Varianten auf der Basis des 356.

Der Industrielle Heinrich Sauter aus Stuttgart war einer von ihnen. Er ließ sich in der Werkstatt von Hans Klenk auf ein normales 356-Fahrgestell eine besonders leichte Roadster-Karosse aufbauen. Dieser Eigenbau blieb unter 600 Kilogramm Leergewicht und hatte zu Beginn der Saison einen schnell gemachten 1500-Porschemotor eingebaut.

Ein interessantes Detail: Der Sauter-Porsche hatte auch die von Ingenieur Mantzel konstruierten Schwingnaben-Räder montiert.

Ende 1951 verkaufte Sauter diesen bei motorsportlichen Veranstaltungen nicht besonders erfolgreichen Eigenbau an den Franzosen Francois Picard. Dieser lackierte ihn in französisch-blau, nannte seinen offenen Zweisitzer »le petit tank« und fuhr noch einige Zeit damit Rennen.

Das Bundesministerium für Forschung und Technologie beauftragte die Porsche AG Mitte der 70er Jahre mit dem Entwurf und der Fertigstellung eines 1:1-Prototyps eines grundlegenden Konzepts für den modernen Rettungs- und Notarztwagen der 80er Jahre.
Dabei sollten, ausgehend von einer Analyse der schon eingesetzten Fahrzeuge, sowohl die Konstruktionsmerkmale des zukünftigen Systems als auch die Definition der Anforderungen an die medizinische und technische Ausstattung ermittelt werden.
Es sollte sichergestellt sein, daß bei den Konzept- und Systemüberlegungen zum Rettungsfahrzeug der Zukunft vorhandene und sich bei der Industrie in Entwicklung befindliche Fahrzeugkomponenten berücksichtigt werden.
Diese Anforderungen führten schließlich zur Vorstellung des neuen Systems, genannt SAVE-Rettungssystem, ein Kürzel aus: »Schnelle, ambulante, vorklinische Erstversorgung«.
Für die Fertigstellung des ersten Prototyps entschied sich die Projektleitung für einen VW-LT und den Daimler-Benz 207. In beiden Typen war ein 115 PS-Motor eingebaut.
Für die Zwischenfederung zwischen Fahrgestell und Rettungseinheit wurde für den Prototyp eine mechanische Ausführung der Verbundfederung gewählt. Federung und Dämpfung werden von vier Porsche-Serienfederbeinen übernommen. Alle wesentlichen Teile, wie Querrohre und Längshebel, sind aus Aluminium hergestellt.
Die Rettungseinheit, bestehend aus Ober- und Unterschale, ist in Verbund-Kunststoffbauweise im Depot-Sandwich-Verfahren hergestellt.
Abgesetzt werden kann die Einheit mittels vier hydraulischer oder mechanischer Stützen, die während der Fahrt im Fahrzeug mitgeführt werden können. Ausgestattet ist die Rettungszelle mit einem Tragentisch, der so plaziert ist, daß der Kopf des Patienten genau im schwingungsarmen Fahrzeugteil ruht. Die den modernsten Anforderungen entsprechende medizinische Einrichtung wird in handlichen Boxen untergebracht und ist leicht austauschbar. Klimaanlage, EKG-Gerät und Sauerstoffanlage sind integriert.
Weitere Merkmale:
Keine Relativbewegung Arzt-Sanitäter-Patient, bei gleichzeitig gutem Fahrkomfort; Kunststoffbauweise gewährleistet sicheren Innenraum; gute Geräusch- und Temperatur-Isolation; Versorgungsschächte im Grundaufbau integriert; Desinfektion problemlos durch integrierte Fertigung.
Geräte, die nur außerhalb benötigt werden, sind auch nur von außen zugänglich; Nachschub von Sauerstoff und Energie von außen; Sicherheit des Begleit-Personals gewährleistet; Zusatztrage ohne wesentliche Raumeinbußen einbaubar. Verwendung von zwei Sprechstellen im Fahrerhaus und in der Rettungseinheit sichern problemlose Kommunikation. Größte Mobilität der Innenausstattung.

182 Rettungssystem SAVE (Typ 2539): Auftrag vom Forschungs-Ministerium.
SAVE, Kürzel für »Schnelle, ambulante, vorklinische Erstversorgung«

**Basis-Fahrzeuge sind der Volkswagen LT oder der Daimler 207 (Foto). Die Rettungseinheit wird mittels vier hydraulischer Stützen abgestellt**

Franco Sbarro, Automobil-Maßschneider am See von Neuchatel (Schweiz), hat seit Jahren viele, meist ungewöhnliche Ideen. Seine Spezialität sind Nachbauten historischer Autos, unter dessen Kunststoff-Karosse häufig moderne Technik installiert ist.
Auch ein VW Golf hatte es ihm angetan, dessen ursprüngliches Motorkonzept der einstige Lehrer radikal abwandelte. Er baute in die beliebte Volks-Limousine einen 300 PS-Porsche-Turbomotor ein, der hinter den Frontsitzen plaziert wurde.
Damit nicht genug. Der Besitzer sollte dieses Ungetüm an Technik auch herzeigen können. So schuf Sbarro eine Mechanik, die auf Knopfdruck das Golf-Hinterteil so weit nach oben anhebt, daß man den Porsche-Sechszylinder von allen Seiten betrachten und betreuen kann.

**Macht hoch die Tür, das Tor macht weit. . . Der Klapp-Golf mit Porsche 911-Turbomotor von 300 PS.**

# SCHWIMMWAGEN

*Typen 128/166*

Im Juni 1940 erhielt Porsches Konstruktions-Büro den Auftrag, den überaus erfolgreichen Kübelwagen (Typ 82) zu einem Schwimmwagen-Fahrzeug zu erweitern. Schon kurz danach lag ein Konzept vor, das ein voll gelände- und schwimmtaugliches Mobil mit wannenförmiger Karosse auf der Basis des KdF-Wagen (Typ 60) zeigte.

Im Gegensatz zum Kübelwagen sollte der Schwimmwagen – zu diesem Zeitpunkt noch mit der Typen-Nummer 128 versehen – einen Vierradantrieb und einen Extra-Geländegang erhalten. Während noch die Detailzeichnungen in Arbeit waren, liefen an einem rasch umgebauten Kübelwagen die ersten Naß-Versuche. Im September 1940 drehte der erste Prototyp im Max-Eyth-See in Stuttgart seine Runden.

Insgesamt wurden 30 Stück dieses Schwimmwagen-Vorläufers gebaut, die nur zum Teil bei Porsche zu weiteren Versuchszwecken blieben. Der Typ 128 besaß das Einheits-Fahrwerk des Volkswagens mit den drehstabgefederten Achsen vorn und hinten. Neu war nur das ZF-Sperrdifferential für jede Achse.

Angetrieben wurde der Typ 128 vom VW-Motor mit 1131 $cm^3$ Hubraum und 25 PS Leistung. Neben den vier Vorwärtsgängen hatte er noch den geforderten Geländegang, der auf alle vier Räder wirkte und bei Bedarf mit Hilfe eines Hebels zugeschaltet werden konnte.

Bei Fahrten auf befestigten Straßen wurde der vordere Antrieb abgeschaltet und nur noch mit den angetriebenen Hinterrädern gefahren. Beim Fahren im Wasser liefen die Räder immer mit. Den notwendigen Antrieb übernahm jedoch eine am Heck angebaute dreiflügelige Schraube, die eigens zu diesem Zweck heruntergeklappt werden mußte.

Mit fünf Personen an Bord erreichte der Schwimmwagen gut 80 Zentimeter Tiefgang und nur noch 10 km/h. An Land wurden immerhin 80 km/h erreicht. Insgesamt beeindruckte der »128« aber so mit seinen Allround-Fähigkeiten, daß im April 1941 das Nachfolge-Modell in Auftrag gegeben wurde: der Typ 166. Die ersten Prototypen standen ab August 1941 zur Verfügung, wobei es bis Anfang 1942 dauerte, ehe die ersten neuen Schwimmwagen die Produktionsstätte in Wolfsburg verlassen konnten.

Bis zum Jahresende 1942 verließen 511 Schwimmwagen des Typs 166 das Werk. Bis Ende 1944 wurden es immerhin 14.263 Exemplare.

Technisch basierte der »166« natürlich auf dem »128«, wenngleich er sich in einigen Details unterschied. Das neuere Modell war wesentlich kompakter gebaut, bot aber trotzdem noch vier voll ausgerüsteten Soldaten Platz. Bei annähernd gleichem Leergewicht konnte durch Einbau eines größeren Benzintanks die Reichweite von etwa 440 auf 520 Kilometer gesteigert werden. Der »166« war um 40 Zentimeter kürzer und 10 Zentimeter schmaler als sein Vorgänger, der Typ 128. Fahrwerk, Motor und Getriebe stammten nahezu unverändert von Typ 128.

Porsche-Schwimmwagen, Typ 166, mit abgeklapptem Verdeck (April 1942)



Der Schwimmwagen basiert auf den erfolgreichen Kübelwagen, Typ 82

**Aus dem Vorläufer (Typ 128) von 1940 entstanden 1941 die ersten »166«.**
**Im Heck sitzt der 1,1-l-VW-Motor mit 25 PS; Marschgewicht 910 Kilogramm**



**Obwohl kürzer und schmaler als der 128 – Platz für vier Personen**

## SILVER SATIN



Dean Jeffries aus Kalifornien, ein Karosserie-Spezialist, der in einer Autolackiererei arbeitete, kaufte sich Ende der 50er Jahre ein Porsche 356-Coupé und fing sofort an, es zu verändern.
Zuerst wurde der Lack bis auf das Blech entfernt, das gesamte Interieur, der Motor und die Felgen demontiert. Jeffries Ziel war es, einen Super-Porsche zu bauen, der aber nicht das typische Gesicht eines Porsche durch die Umarbeitung verlieren sollte.
Front- und Heckpartie gestaltete er in Aluminium, wobei die Stoßstangen wegfielen. Das neue Gesicht des 356 Coupé erinnerte stark an den damals sehr populären Mercedes 300 SL, besonders im Heckabschluß.
Den Innenraum gestaltete Dean Jeffries nach seinen Ideen neu und lackierte den Hintergrund in Silber. Versilbert oder verchromt wurden auch alle anderen sichtbaren Teile am Wagen wie Karosserie, Felgen, Motor, Bordwerkzeug etc.
Der Motor, serienmäßig ein 1,6-l-Carrera mit 105 PS, wurde mit dem Rennsport-Kit nochmals um rund 20 PS gesteigert. Die Umbauten dauerten etwa sieben Monate und kosteten 1959 fast 8000 Dollar, nach heutigem Wert gut 35.000 Mark.



**Karossier Dean Jeffries (Kalifornien) baute sich einen 356-Spezial**

**Die neu gestaltete Front- und Heckpartie erinnert an den DB 300 SL**

**Im Bug des »Silver Satin« verbirgt sich ein kompletter Werkzeugsatz**

**Mit einem Rennsportkit auf 125 PS gesteigerter 1,6-l-Carrera-Motor**

## SIMPSON-CHEVY *911-Basis*

In Amerika, dem Land der unbegrenzten Möglichkeiten, gibt es Leute, die glauben, daß ein serienmäßiger Porsche noch nicht der Weisheit letzter Schluß ist. Für alle die, die solche Überlegungen pflegen, hat der Konstrukteur Rod Simpson aus Santa Monica Mountains eine brutale Lösung parat: Porsche mit Chevrolet-Motor.
Um den V 8-Chevy mit gut über 200 PS in das Heck des Porsche 911 zu pflanzen, bedarf es einiger Umbauten und Verstärkungen. Üppige Kotflügel überdecken die Walzen der Dimensionen 235 x 14 vorn und 285 x 15 Zoll hinten nur mühsam. Das Fahrwerk inklusive der Bremsanlage bleibt serienmäßig. Kein Problem, wie Rod Simpson meint. Der Innenraum ist durch einen Überrollkäfig geschützt und gleichzeitig auch verstärkt, denn gleich hinter dem Fahrer und Beifahrer beginnt der Motor. Das gewaltige Drehmoment des 5-l-Chevy-Motors verkraften auch die serienmäßigen Antriebswellen, ausgenommen Kavalierstarts.
Bei einer theoretischen Höchstgeschwindigkeit von 280 km/h soll der spektakuläre Heckflügel für ausreichend Anpreßdruck sorgen. Das Mehrgewicht des US-Motors wird in etwa ausgeglichen durch den Wegfall von Inneneinrichtung und Ausstattung sowie reichlich Kunststoff am und im Auto. So ist die vergrößerte Fronthaube komplett aus Kunststoff. Darunter ist der Wasserkühler für den hinten werkelnden Chevy-Motor installiert. Kleiner Nebeneffekt: Die erwärmte Kühlluft tritt vor der Frontscheibe wieder aus und hält diese weitgehend beschlagfrei.
Den »Porschev«, wie ihn sein Konstrukteur manchmal nennt, läuft schon in einigen Exemplaren über amerikanische Highways. Einen Kit zum Selbermachen bietet Simpson für rund 20.000 Mark an. Allerdings mit dem Hinweis, daß man schon etwas Ahnung von Mechanik haben sollte, um sich an diese Transplantation zu wagen.

## STOREZ *Carrera-GT-Basis*

Der französische GT-Champion Claude Storez ließ sich Anfang 1959 bei Zagato in Mailand auf seinen Porsche Carrera GT eine ganz leichte, hübsche Raodster-Karosserie bauen. Im Werk Porsche wurden die letzten Einstellungen vorgenommen und anschließend das schnelle Einzelstück von einem französischen Monteur auf der Achse nach Paris überführt.
Aber die Fahrt endete bereits wenige Kilometer hinter Stuttgart: Bei einem schweren Unfall wurde der »Storez-Roadster« bis auf die Höhe der Sitze total zerstört. Der Mechaniker blieb unverletzt.

Ein Entwurf von Zagato/Italien auf der Basis eines Porsche 356 Carrera.
Auftraggeber: Claude Storez, französischer GT-Meister von 1958.
Bei der Überführung nach Paris wurde der »Storez« total zerstört.

Im Dezember 1951 gab es einen ersten Kontakt zwischen dem Hause Porsche und dem amerikanischen Automobil-Hersteller Studebaker. Dr. Ferry Porsche machte zu diesem Zeitpunkt seinen ersten Nachkriegs-Besuch in Amerika, um über ein Militärfahrzeug-Projekt zu reden und mit seinem damaligen Importeur in New York, Max Hoffmann, weitere Pläne zu besprechen.
Hoffmann hatte den Export-Vizepräsidenten von Studebaker, Richard A. Hutchinson, überzeugt, daß Amerika ebenso wie Deutschland einen »Volkswagen« brauche. Die Firma Studebaker könne ihn bauen und Porsche konstruieren. Hutchinson schaffte es, einen Kontrakt von VW-Wolfsburg zu bekommen, wonach die Firma Studebaker US-Repräsentant der Marke »Volkswagen« werden konnte. Doch der damalige Studebaker-Chef lehnte ab. Blieb also nur noch die Konstruktion eines »Amerika-VW«.
Im Mai 1952 besuchte erneut eine Porsche-Delegation (Ferry Porsche, Karl Rabe, Leopold Schmid, Erwin Kommenda) das Studebaker-Hauptquartier in Nord-Indiana. Sie brachten einen Prototyp mit, den Typ 530. Ein Porsche 356 mit verlängertem Chassis und Platz für vier Personen, aber nur zwei Türen. Ein Tag nach der Ankunft erfolgte eine Probefahrt mit Hoffmann, Hutchinson und Präsident Vance. Eine schreckliche Fahrt, wie sich Hoffmann erinnert, da der Lang-356 großen Lärm machte, wenn er über schlechtere Straßen fuhr. Trotzdem kam es zu einem Vertrag für den Bau eines Prototypen mit Frontmotor, mehr PS und weniger Gewicht, als der zu diesem Zeitpunkt recht erfolgreiche Studebaker Champion. Weitere verlangte Basisdaten: Sechszylinder-Motor, drei Vorwärtsgänge, luftgekühlter Motor und eine Höchstgeschwindigkeit von 135 km/h.
Kaum zurück aus Amerika, begann die Porsche-Crew mit der Arbeit am Studebaker. Sie entwarfen einen vollkommen neuen Sechszylinder-Motor mit einem 120-Grad-Winkel. Man baute einen mischgekühlten Motor mit luftumströmtem Zylinderkopf und zwangsgekühlten Zylindern.
Mit einem 1:5-Modell starteten Ferry Porsche und Karl Rabe Ende August 1952 erneut nach Amerika. Nach längeren Diskussionen um den mischgekühlten Motor einigte man sich darauf, einen echten wassergekühlten Sechszylinder und einen luftgekühlten Sechszylinder-Motor zu bauen und zu testen. Nachdem auch darüber ein Vertrag unterschrieben wurde, lief unter der Projekt-Nummer 542 Anfang 1953 das Studebaker-Projekt voll an.
Ende 1953 stand eine pontonförmige, viertürige Karosse fertig auf dem Hof. Sie war kürzer und niedriger als der 52er Champion, aber mit einigen technischen Details aus diesem Modell ausgerüstet: Türbedienung, Lenkrad und -getriebe, Dreigang-Automatik mit Overdrive (vom Studebaker Commander) sowie Bremsen und Reifen.

Der 542 L-Motor (L = luftgekühlt) und der 542 W-Motor (W = wassergekühlt) waren sich in den technischen Abmessungen sehr ähnlich. Bei einem Bohrung-Hub-Verhältnis von 90 x 80 mm ergab sich ein Hubraum von 3054 $cm^3$. Getreu der Porsche-Philosophie: Bau' einen großen Motor, fahre ihn langsam und halte ihn warm, ergaben sich auch hervorragende Verbrauchswerte. Die Leistung lag bei 98 respektive bei 108 PS bei 3700/min bzw. 3500/min. Interessant sind noch die Motorgewichte: Luftgekühlt 219 kg und wassergekühlt 206 kg.

Im März 1954 erlebten zwei Verantwortliche von Studebaker den Porsche-Entwurf zum erstenmal fahrend – auf dem Weg zurück von dem Genfer Autosalon, wo ihn Dr. Porsche privat dabei hatte. Nach einem Abschlußtest im August 1954 ging dieser Wagen nach Amerika. Auch wenn die Porsche-Konstruktion Typ 542 um gut 250 Kilogramm schwerer geworden war als das 52er Modell Champion von Studebaker, und der luftgekühlte Motor im Vergleich mit dem wassergekühlten etwas schlechter abschnitt, so war man bei Studebaker von der in der Kürze der Zeit geschafften Leistung sehr angetan. Doch dann kam es Schlag auf Schlag: Nur Monate, nachdem der Typ 542 vorgestellt worden war, übernahm Packard die finanziell angeschlagene Firma Studebaker! Das notwendige Kapital von 15 bis 20 Millionen Dollar zum Bau des V 6-Motors fehlte den Amerikanern.

Ende 1954 erfolgte die Einstellung der Zusammenarbeit zwischen Porsche und Studebaker. Einzig der wassergekühlte Sechszylinder-Motor steht als letzter Zeuge noch heute im Porsche-Museum in Stuttgart zu besichtigen. Dr. Ferry Porsche fuhr noch eine zeitlang den Studebaker Commander, ein wirklich gelungenes zweitüriges Coupé, von dem Designer Loewy entworfen.



**Aus dem Jahre 1952 resultieren die Verträge zum Bau eines Studebaker**

**Ende 1953 war der »542« fertig: Ponton-Karosse, Sechszylinder-motor. Luft-, bzw. wassergekühlter Motor: 3054 ccm und 98 bzw. 108 PS. Das Projekt wurde eingestellt, als Studebaker in Schwierigkeiten kam**

# STURMBOOT-MOTOR *Typ 170/171/174/174 A*

Die bei den Pionierabteilungen der deutschen Wehrmacht verwendeten wassergekühlten Motoren für die Sturmboote waren bei Fahrten in schmutzigem Wasser sehr störanfällig. Daher versuchte die damalige Heeresleitung 1943, luftgekühlte Motoren für diesen Einsatz zu probieren. Der einzige luftgekühlte, leichte und in großer Stückzahl hergestellte Motor, der zu diesem Zeitpunkt in etwa den Anforderungen genügte, war der VW-Motor. Allerdings entsprach die Leistung nicht den Wünschen, sie war erheblich zu gering.

So wurde versucht, mit Hilfe eines Roots-Aufladegebläses die Leistung zu erhöhen (Typ 170). Von Porsche wurde ein Motor mit geändertem Zylinderkopf, höherer Verdichtung, speziell auf diesen Einsatz zugeschnitten, entwickelt. Dieser Motor bekam die Typen-Nummer 171.

Diese Version wiederum hatte den Nachteil, daß neue Fertigungsmöglichkeiten gesucht werden mußten, da vom Original-VW-Motor nur die wenigsten Teile verwendet werden konnten. Eine weitere Variante, mit vergrößertem Einlaßventil und höherer Verdichtung, enthielt die Typen-Nummer 174 und 174 A. In dieser Ausführung erreichte das Sturmboot bei voller Belastung eine Höchstgeschwindigkeit von 20 km/h.

Alle vier Varianten wurden 1943 entwickelt, hatten alle ein Bohrung-Hub-Verhältnis von 75 zu 64 mm, einen Hubraum von 1131 $cm^3$ und eine maximale Drehzahl von 3500/min. Unterschiede gab es in der Verdichtung und natürlich Leistung. Der »170« war 5,8:1 verdichtet und erreichte mit dem Roots-Gebläse 34 PS. Der »171« bekam eine 6,2:1 Verdichtung und brachte 33 PS. Der »174« blieb mit einer Verdichtung von 5,8:1 und 25 PS Leistung praktisch serienmäßig, während die A-Variante dieses Motortyps durch eine höhere Verdichtung (7,5:1) mit 30 PS operieren konnte.

Interessant sind noch die Fertiggewichte der verschiedenen Aggregate:

| | | |
|---|---|---|
| Typ 170 | – 210 kg (Grauguß); | 181 (LM) |
| Typ 171 | – 116 kg (Grauguß); | 85 (LM) |
| Typ 174 | – 115 kg (Grauguß); | 85 (LM) |
| Typ 174A | – 118 kg (Grauguß); | 88 (LM) |

**In der Ausführung 170-1 standen 34 PS bei 3500/min zur Verfügung**

**Sturmbootmotor, Typ 171-2: Der 1,1-Liter-Motor brachte 33 PS (1943)**

Im Auftrag der in Genf ansässigen Firma TAG Turbo Engines hat Porsche den Grand Prix-Motor »TAG Turbo PO1« konstruiert und entwickelt. Sei dem Grand Prix von Holland am 28. August 1983 in Zandvoort wird die Maschine im Marlboro MP4/1-E des Teams Marlboro McLaren International in Formel 1-Rennen eingesetzt.
Nicht nur wegen seiner Bestimmung wird der TAG-Motor als »schnelles Objekt« in die Entwicklungsgeschichte des Hauses Porsche eingehen. Am 12. Oktober 1981 lag der Entwicklungsauftrag im Porsche-Entwicklungszentrum Weissach vor. Die Konstruktion begann auf einem weißen Blatt Papier. Am 18. Dezember 1982 erfolgte die Erstzündung des Triebwerks auf dem Prüfstand. Seine Fahrerprobung in einem Testfahrzeug begann der TAG-Motor im März 1983. Zwanzig Wochen danach, am 28. August, ging er beim Großen Preis von Holland in die Rennerprobung. Bei seinem vierten Formel 1-Rennen konnte der TAG-Turbo-Porsche unter Niki Lauda schon andeuten, wozu er fähig ist. In Südafrika, dem letzten Lauf der 83er Saison, kämpfte sich Lauda in begeisternder Manier bis auf Rang zwei vor, um dann wenige Runden vor Schluß doch noch auszufallen. Ein nicht motorbedingter Defekt hatte seine Fahrt abrupt gestoppt.
In der Saison 1984 gelang den Fahrern Alain Prost und Niki Lauda mit den McLaren-TAG-Porsche eine überzeugende Vorstellung. Mit dem brandneuen Motor gewannen sie 12 von 14 Rennen und belegten in der Formel-1-Weltmeisterschaft Platz eins (Lauda) und zwei (Prost).
Der »TAG Turbo PO1«, ein V 6-Zylinder mit einem Winkel von 80 Grad, zeichnet sich durch kompakte Bauart und geringes Gewicht aus. Seine Leistung liegt derzeit im Bereich von 650 PS bei 11500/min. Für Porsche ist der Formel 1-Motor eines von vielen Fremdentwicklungsprojekten im Entwicklungszentrum in Weissach.

*Technische Daten*
*TAG Turbo Motor TTE-PO1*

V 6-Motor mit Doppel-Abgasturbolader und Ladeluftkühlung

| | |
|---|---|
| V-Winkel: | 80 Grad |
| Hubraub: | 1499 cm$^3$ |
| Bohrung: | 82 mm |
| Hub: | 47,3 mm |

4 Ventile pro Zylinder
4 Nockenwellen über Zahnräder angetrieben
Zylinderkopf Aluminium-Legierung einteilig
Kurbelgehäuse Aluminium/Magnesium-Legierung
Titanpleuel
Wasserkühlung, 2 Wasserpumpen
Gewicht 150 kg komplett
elektronische Zündung und Kraftstoffeinspritzung
Wasser- und Ölpumpen sind an der Vorderseite des Motors angebracht und werden von den Zahnrädern des Nockenwellenantriebs direkt angetrieben.
Motorleistung: 650 PS

Im Oktober 1981 gab die Firma »TAG« den Auftrag zum Bau eines F1-Motors.
Am 28. August 1983, beim GP Holland, hatte der V 6-Turbomotor Premiere

**Im Chassis von McLaren eilte der TAG-Porsche 1984 von Sieg zu Sieg**

**Konstrukteur Mezger und Rennfahrer Lauda: 700 bis 900 PS sind kurzfristig realisierbar**

Giorgetto Giugiaro und sein »Ital Design Studio« sorgten 1970 auf dem Turiner Autosalon für Aufregung. Der italienische Star-Designer stellte auf der Basis des Porsche 914-6 ein gelungenes Show-Auto vor, dem er den Namen »Tapiro« gab.

Auf der Original 914-6-Bodengruppe formte er eine vollkommen neue Karosserie. Die keilförmige Schnauze verlängerte sich nahezu nahtlos in die Frontscheibe. Beide Türen öffneten sich à la Mercedes 300 SL. Hinter den beiden Einzelsitzen, getrennt durch einen kräftigen Mitteltunnel, blieb ein schmaler Targabügel stehen. Dahinter öffneten sich, exakt wie die Wagentüren, links und rechts zwei große Klappen zum Motorraum und zur Mini-Kofferablage. Unter der konventionell nach vorne öffnenden Fronthaube lag ein Reserverad, das mit seinen Dimensionen den gesamten Raum füllte. In der langen, spitz zulaufenden Frontnase – deswegen der Name Tapiro, nach einem ähnlich aussehenden, langnasigen Tier – waren die Scheinwerfer tagsüber verdeckt und werden nur bei Bedarf elektrisch ausgefahren.

Aus optischen Gründen stand der Tapiro-Porsche vorne auf 8 x 15- und hinten auf 10 x 15-Zoll-Felgen. Natürlich waren auch Innenraum und das Instrumentenbrett völlig neu gestaltet. So saß zentral hinter dem Zweispeichen-Lenkrad der Tachometer sowie links und rechts davon, etwas zurückversetzt, weitere Zusatzinstrumente.

In dieser Mittelmotor-Studie, die nie über das Prototyen-Stadium hinaus kam, war ein Sechszylinder-Porschemotor installiert. Getunt von dem damals bekannten italienischen Tuningbetrieb Bonomelli leistete das 2,4-l-Triebwerk bei einer Verdichtung von 10:1 gut 220 PS bei 7200/min, rein rechnerisch gut für eine Höchstgeschwindigkeit von 230 km/h.



**Giugiaro präsentierte 1970 auf dem Turiner Salon den 914-6-»Tapiro«**

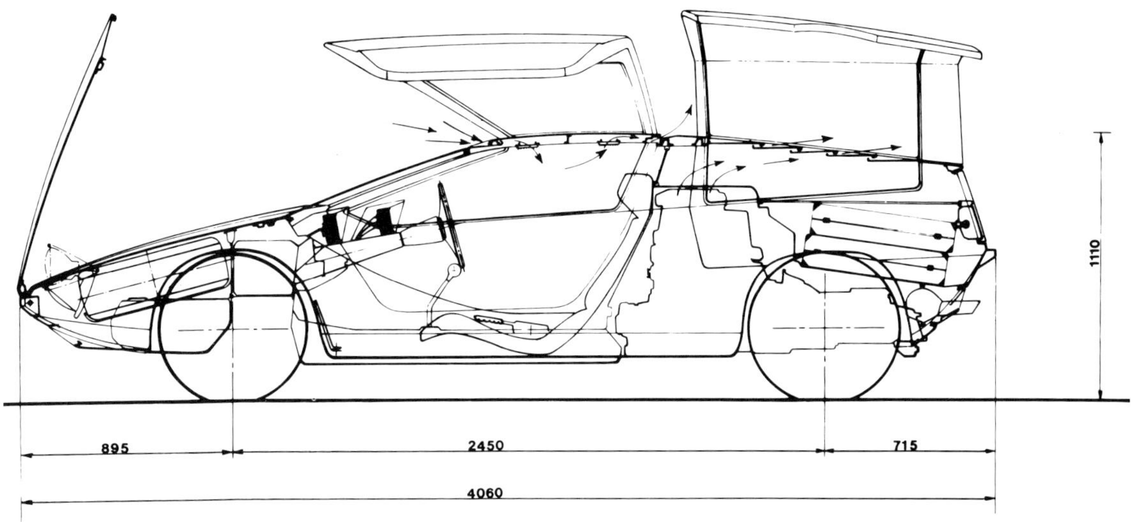

**Auf der 914-Bodengruppe eine keilförmige Karosse mit Flügeltüren**

Als der letzte Porsche-Speedster Ende 1958 das Werk in Zuffenhausen verließ, wartete eine große Anhängerschar vergeblich auf einen Nachfolger. Insbesondere in Amerika, und dort hauptsächlich in Kalifornien, waren die meisten der knapp 3000 Dollar teueren 356 mit Notdach zwischen 1954 und 1958 verkauft worden.

Auch Stan Townes hatte sich 1958 einen 356-Speedster gekauft, doch er dachte bald angestrengt darüber nach, wie das Nachfolgemodell aussehen könnte. Es mußte auf jedenfall mehr Leistung, ein Fünfgang-Getriebe und Scheibenbremsen haben.

Stan, der erst seine Militärzeit beenden mußte und 1966 wieder Zivilist wurde, hatte seine Pläne anschließend nicht aufgegeben. Als Karosseriebauer bei einem Porsche-VW-Händler in Santa Clara (Kalifornien) wartete er auf einen verunfallten 911. Ende 1967 fand er ein 911-Coupé, das sich überschlagen hatte und günstig zu erwerben war. Townes schnitt das Dach ab und begann dann im Detail einen Speedster zu formen – mit neuem Bug und Heck, einer flachen Frontscheibe und kleinen Kotflügelverbreiterungen. Die Arbeit war aufwendig und manches Teil mußte er mehrmals anfertigen. Der fertige Wagen wurde silber-metallic lackiert.

Der Sechszylinder-Motor mit Weber-Vergaser blieb technisch unberührt, wurde aber sauber hergerichtet und teilweise, wie zum Beispiel der Auspuff, verchromt. Auf den 7- bzw. 8,5-Zoll-breiten US-Felgen kamen 5.00/920-15 bzw. 5.25/9.50-15-Reifen von Goodyear.

Der 911-Speedster gelang Stan Townes so gut, daß er bei Schönheits-Konkurrenzen in seiner Klasse häufig zum Sieger erklärt wurde. Dafür hatte Stan etwa drei Jahre gebaut und rund 15.000 Dollar (Ende der 60er Jahre!) hineingesteckt.

**Ende 1967 aus einem verunfallten 911 Coupé aufgebaut – ein gelungener Speedster**

**Neu: Bug und Heck, die Kotflügelverbreiterungen, das Speedster-Dach**

**Die Mechanik blieb unverändert, die Felgen auf 7+8,5-Zoll verbreitert**



**Stan Townes aus Kalifornien bezahlte 1968 für den Umbau 15000 Dollar**

# VW-MITTELMOTOR-LIMOUSINE *Typ 1966*

Das Porsche-Konstruktionsbüro hatte in den Jahren vor dem zweiten Weltkrieg den »Volkswagen« geschaffen, der nach dem Ende des Krieges zur raschen Motorisierung des deutschen Volkes beitrug. Aus dieser starken Bindung heraus ist Porsche seit jener Zeit mehr oder weniger stark mit Entwicklungsaufgaben für den Wolfsburger Autokonzern beschäftigt. An zwei später in Produktion gegangene Wagen sei hier rasch erinnert: VW-Porsche 914 und Porsche 924.

Letzterer war ursprünglich als Sportwagen für VW gedacht und von Porsche konstruiert. Als VW den schon fertigen Wagen nicht mehr wollte, kaufte Porsche seine Arbeit zurück und bot sie dem Markt unter dem eigenen Namen an.

Ein anderes Fahrzeug machte zu Beginn der 70er Jahre mächtig viel Wirbel, obwohl es nur eine Handvoll Leute in natura gesehen hatten, bevor es wortwörtlich eingestampft wurde: Der VW-Mittelmotor-Kleinwagen mit der Porsche-Typen-Nummer 1966 und der VW-eigenen Bezeichnung EA 266.

Dr. Kurt Lotz, Nachfolger von Heinrich Nordhoff als Vorstands-Vorsitzender der Volkswagenwerk AG, erkannte bei seinem Amtsantritt 1968, daß die einzig auf den Käfer ausgerichtete Modellpalette den Konzern recht bald in Schwierigkeiten bringen würde. Auto Union, NSU und Porsche erhielten deshalb von ihm Aufträge für einen Nachfolger des VW Käfer. NSU stieg bald aus diesem Auftrag aus und so blieben noch Porsche und Auto Union.

Die Stuttgarter gingen einen vollkommen neuen Weg. Mit den damals recht frischen Erkenntnissen aus der Mittelmotorbauweise (VW-Porsche 914) sollte auch die neue VW-Limousine einen Mittelmotor erhalten. Unter der mit einem VW Polo vergleichbaren Karosserie, mit ebenso zwei Türen und einer Heckklappe, lief ein flüssigkeitsgekühlter Vierzylinder-Reihenmotor.

Das Triebwerk lag dabei praktisch unter der hinteren Sitzbank des Wagens, auf der die Fond-Passagiere Platz nehmen sollten. Die Kühlluft wurde über Karosserieschlitze unter den hinteren Seitenfenstern, teilweise versteckt in den Radkästen, bewegt.

Bei vorgesehenen Motorgrößen zwischen 0,8 und 1,8 Liter Hubraum waren Leistungen von 60 bis 105 PS angestrebt, die dieses Kompaktmobil in seiner Topversion an die 200 km/h-Marke gebracht hätte. Allerdings verlangte der notwendigerweise gegen Lärm und Wärme vollgekapselte Motor einen hohen technischen Aufwand, der schon für die schwächste Version in der billigsten Ausstattung einen Verkaufspreis von knapp 10.000 Mark erfordert hätte. Ein VW Käfer kostete 1973/74, dem vorgesehenen Präsentationstermin für den VW-Mittelmotorwagen EA 266, gerade etwas über 6000 Mark!

Und obwohl die Ingenieure bei Porsche, unter der Leitung von Ferdi-

nand Piech, außer der viersitzigen Limousine auch eine zweisitzige Version und ein 2+2-Coupé in Vorbereitung hatten und mit ihrer Arbeit vor dem Abschluß standen, kam das Ende schnell und unverwartet.
Rudolf Leiding hatte im Oktober 1971 den Posten von Lotz übernommen, der große Schwierigkeiten mit dem hauseigenen Management hatte, da unter seiner Regie das Unternehmen viel Marktanteil verloren hatte. Und natürlich warf man ihm auch die unglückliche Entwicklung zum EA 266 vor. Denn inzwischen hatte Ludwig Kraus bei Auto Union den erfolgreichen Audi 100 als verantwortlicher Techniker auf den Markt gebracht und arbeitete an einem Audi 80. Beides mehr Erfolg versprechende Fahrzeuge als der technisch so aufwendige EA 266.
Leiding, nur wenige Wochen im Amt, stoppte die fünfjährige Anlaufszeit zum Projekt EA 266 und Porsche wurde angewiesen, die Prototypen zu verschrotten. Die meisten, nicht alle, endeten unter den Ketten von Leopard-Panzern. VW übernahm das Konzept von Kraus und baute dessen Audi 80 als Passat, Piech wechselte bald danach von Porsche zu Audi (!) und Porsche stellte einige Prototypen des Mittelmotor-Kleinwagens in den Keller. Der »1966« kann warten, war er doch seiner Zeit um zehn Jahre voraus. Vielleicht kommt er, als überarbeitete Idee eines Tages doch noch einmal ans Licht der Öffentlichkeit. . .

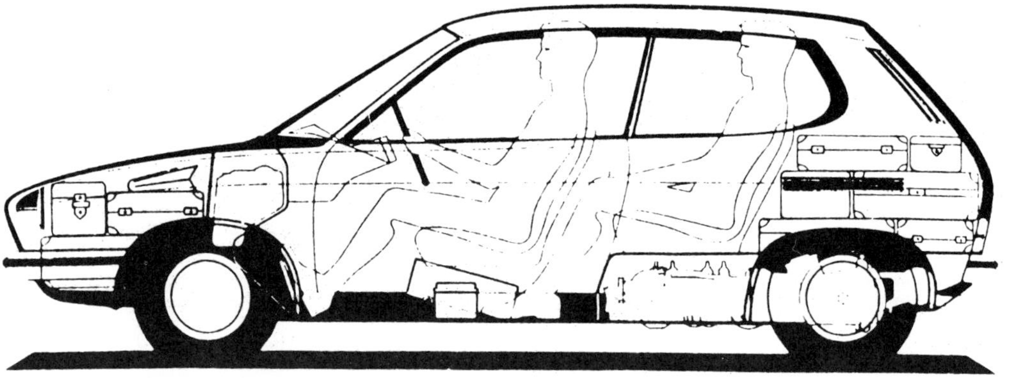

**Klein-Limousine für Volkswagen (Typ 1966/EA 266) mit Mittelmotor. Nach fünfjähriger Entwicklung stoppte VW-Chef Leiding das Projekt**

# VOLKSWAGEN (KÄFER) *Typ 60*

Dr. Ing. h. c. Ferdinand Porsche legte am 17. Januar 1934 sein »Exposé betreffend den Bau eines deutschen Volkswagens« namhaften Vertretern des Reichs-Verkehrsministeriums vor. Offiziell eingeführt wurde der Volkswagen-Gedanke am 8. März 1934 zur Eröffnung der Internationalen Automobil- und Motorrad-Ausstellung in Berlin.

Am 22. Juni desselben Jahres kam es zum Vertrag zwischen dem Reichsverband der Automobilindustrie (RDA) und der Porsche GmbH. Porsche verpflichtet sich darin u. a., innerhalb 10 Monaten einen Volkswagen-Prototyp auf die Räder zu stellen!

Am 5. Februar 1936 wurde die erste VW-Limousine aus der Taufe gehoben. Sie zeigte von der Konstruktion her für damalige Zeiten einige Sensationen:

- Das Fahrwerk hatte Einzelradaufhängung mit Drehstab-Federung und Reibungs-Stoßdämpfern;
- zwar gab es noch keine Hydraulikbremsen, Servowirkung wurde aber durch Exenter im Seile-Bremssystem erzielt;
- die weiche Gummiaufhängung des Motors war ein wesentlicher Fortschritt in der Automobil-Technik;
- die luftgekühlten Motoren, als Zwei- oder Viertakter zum Versuchsprogramm wahlweise austauschbar, mit einer Leistung von 22 PS.

Im Oktober 1936 gingen die ersten drei Volkswagen vom Typ VW 3 unter Mitwirkung von verschiedenen Kontroll-Organen auf Probefahrt.

Diese drei Urkäfer drehten ihre Runden bis knapp vor dem Weihnachtsfest 1936. Sie erreichten, in zwei Schichten bewegt, 50 000 Kilometer und füllten seitenweise das Protokollbuch. Die Erkenntnisse aus diesen Versuchen flossen in die folgenden 30 Probe-Exemplare ein, die als Großversuch unter der Kennzahl »VW 30« vom Stapel liefen. Diese Flotte schaffte 1937 weit über 2 Millionen gemeinsame Testkilometer.

1938 erhielt der Volkswagen mit der Versuchsserie »VW 38« seine endgültige Form. Mit 24 PS aus einem luftgekühlten Porschemotor war der Volkswagen mit 105 km/h autobahnfest.

Parallel zur Entwicklung des Volkswagens hatten die Arbeiten an einem neuen Produktionswerk begonnen. Im April 1939 fand auch das Richtfest statt. Der Ausbruch des zweiten Weltkrieges am 1. September 1939 stoppt dieses Projekt genauso wie den Start der Automobil-Produktion.

Der Bau des Käfers begann erst wieder 1945, mit 1785 Exemplaren. So langsam der Apparat wieder in Schwung kam, so rasant ist die Entwicklung in den folgenden Jahren. Am 4. März 1950 läuft der 100.000 Käfer vom Band. Am 12. Februar wird der VW-Käfer Stückzahl-Weltmeister: Genau 15 007 034 Fahrzeuge vom Typ 1 (wie er intern an 1945 heißt) sind gebaut. Kein Fahrzeug hat vorher und auch nicht später solche Verbreitung gefunden.

Auch wenn die Produktion des Käfers seit Ende 1977 im wesentlichen nur noch in Südamerika (Mexiko, Brasilien) stattfindet, er lebt als Typ immer noch – inzwischen weit über 20 Millionen mal!

**Volkswagen-Versuchsserie »VW 3«, ab Oktober 1936 im Test. Der 1-l-Motor hatte 24 PS, die Höchstgeschwindigkeit liegt bei 100 km/h**

**Volkswagen-Versuchsserie »VW 30«. Die 30 Exemplare wurden bei Daimler Benz gebaut und ab 1937 ausgiebig getestet. Daten wie »VW 3«.**

# WANDERER

*Typ 7*

Am 1. Dezember 1930 gründete Ferdinand Porsche zusammen mit vier Ingenieuren die » Prof. Dr. Ing. h.c. Ferdinand Porsche« und etablierte sich in der Kronenstraße 42 in Stuttgart.

Für das selbständige Ingenieurbüro kam der erste Auftrag von der Firma Wanderer. Unter der Porsche-Konstruktionsnummer »K 7« entstand eine Limousine in der Mittelklasse, quasi als Konkurrent zum Mercedes 170.

Bei Wanderer lief das neue Modell unter den Bezeichnungen W 21 und W 22. Der Unterschied bestand im wesentlichen in der Leistung der Motoren. Der W 21, ebenso der W 22, hatten einen Sechszylinder-Reihenmotor mit einmal 1690 $cm^3$ (65 mm x 85 mm) und 35 PS oder mit 1950 $cm^3$ (70 mm x 85 mm) und 40 PS.

**Vergleichstest 1934: Simca/Fiat, Wanderer Typ 8, 32 und 7 (v.l.n.r.)**

**Versuchswagen Wanderer W 10 von 1930/31 mit 6 Zylinder-Porschemotor**



**Wanderer Typ 7: Fahrgestell und 6-Zylindermotor mit 1950 ccm und 40 PS**

Zum Abschluß der für das Haus Porsche so erfolgreichen Rennsaison 1965 stellte Huschke von Hanstein, zu diesem Zeitpunkt Rennleiter und PR-Chef des Hauses, am 30. September in Hockenheim zwei neue absolute Automobil-Weltrekorde sowie drei neue internationale Klassenrekorde auf.

Die Weltrekorde für die von der FIA neu geschaffenen Rekord-Distanzen über eine viertel Meile (= 402 Meter) und 500 Meter mit stehendem Start wurden mit dem neuen Prototyp, dem Porsche mit 2-l-Achtzylindermotor, von etwa 240 PS trotz regenfeuchter Straße gefahren:

1/4 Meile 11,892 s = 121,97 km/h
500 Meter: 13,557 s = 132,77 km/h.

Beide Rekorde waren gleichzeitig internationale Klassenrekorde für die Klasse E bis 2 Liter Hubraum.

Da diese Versuche so gut abliefen, nahm sich Huschke von Hanstein auch noch den Rekord für den stehenden Kilometer vor, der bis dahin vom Chef der Rennwagenfirma Cooper, John Cooper, gehalten wurde.

Hanstein durcheilte die 1000 Meter-Distanz in 22,212 sec = 162,074 km/h. Der Weltrekord für diese Distanz stand zu diesem Zeitpunkt bei 19,08 Sekunden und wurde von Bernd Rosemeyer auf Auto Union-Grand-Prix-Wagen gehalten – mit 6 Liter Hubraum und 600 PS Leistung.

Gut zehn Jahre später gab es eine ganz andere Art eines »Weltrekordes«, der zudem sehr drastisch die technische Entwicklung in diesem Zeitraum verdeutlichte. Für die Kanadisch-Amerikanische Rennserie (CanAm) hatte Porsche 1970 aus dem 917-Coupé einen Spyder, den Typ 917-10, entwickelt, der im 917-30 gut drei Jahre später seinen Höhepunkt in der Entwicklung fand. Die Überlegenheit dieses Wagens mit 5,4-l-Zwölfzylindermotor, Abgas-Turboaufladung, rund 1100 PS und 800 Kilogramm Gewicht, führte 1974 zu einer Reglementsänderung in dieser Serie.

Danach war der Porsche 917-30 vom Wettbewerb praktisch ausgeschlossen. Doch der US-Rennfahrer Mark Donohue, der diesen Wagen zu einer Reihe von Siegen gefahren hatte, wollte den 917-30 noch einmal richtig in Szene setzen, bevor er im Museum verschwand.

Es gab da einen Weltrekord für geschlossene Rennstrecken, gehalten von Donohues Landsmann A. J. Foyt in einem USAC-Coyote, mit 350,53 km/h für die schnellste Runde.

Mark ging für sein Vorhaben auf den Ovalkurs von Talladega in Alabama/USA. Doch im Training gingen zwei Motoren defekt. Als Donohue schon aufgeben wollte, schickte Porsche einen Motor, der eine besondere Kühlvorrichtung für die komprimierte Luft des Turboladers besaß. Am 8. August 1975 schaffte es Donohue: Er verbesserte den »Weltrekord für geschlossene Rundstrecken« auf 355,85 km/h. Zehn Tage nach diesem Erfolg verunglückte Mark Donohue beim Formel 1-Rennen auf dem Österreichring tödlich.

Ende 1965 fuhr Huschke v. Hanstein in Hockenheim Weltrekorde mit dem 908. Der 2-l-Achtzylinder (240 PS) durcheilte 500 m in 13,5 s = 132,7 km/h



Mark Donohue im Spezial-Porsche 917-30 (ca. 1100 PS) auf dem Weg zum Weltrekord für Rundstrecken: 355,85 km/h

## WINDKRAFT-ANLAGEN

*Typen 135/136/137*

Im Auftrag der Forschungsgesellschaft für Windkraft (Berlin) entwickelte Porsche ab 1940 entsprechende Anlagen in drei Leistungsklassen. Die kleinste Anlage, Typ 135, ein auf einem Holzmast montierbares zweiflügeliges Aggregat, leistete 130 Watt.

Der 736 Watt leistende Typ 136 wies einen Vierblatt-Rotor mit zur Sturmsicherung und Leistungs- bzw. Drehzahlregulierung verstellbaren Flügeln auf. Die Flügelverstellung erfolgte durch einen Servo-Verstellmechanismus, der von einer Stauschraube und einem Fliehkraftregler angesteuert wurde.

Die leistungsstärkste Anlage (Typ 137), deren Konstruktion auch nach dem Krieg noch weiter verfolgt wurde, sollte eine Leistung von 10.000 Watt erbringen. Dazu wurde ein dreiflügeliges, typisches Schnelläuferrad mit 9,2 Meter Durchmesser entwickelt. Die vier Meter langen, im Mittel 650 mm breiten und 70 Kilogramm schweren Flügel waren als Blechkonstruktion mit tragender Außenhaut ausgebildet und verstellbar an der Nabe gelagert. Zur Übertragung der Windradleistung auf den Stromerzeuger war ein aus zwei Radpaaren bestehendes Stirnradgetriebe mit einem Gesamt-Übersetzungsverhältnis von 1:19,3 vorgesehen. Der Strom-Erzeuger, ein Gegenkompond-Gleichstrom-Generator, war zur Anpassung an die Windrad-Charakteristik mechanisch mit einem Regeldynamo verbunden. Zur Aufnahme der Aggregate diente ein in Leichtbauweise hergestellter und mit Richtungsflossen versehener Rumpf, der drehbar auf einem Rumpf befestigt war. Der Turm bestand im wesentlichen aus einem 17 Meter hohen Stahlgerüst. Ein Betriebsgebäude am Turmfuß zur Aufnahme von Schalteinrichtungen und einer 280 Ah-Puffer-Batterie vervollständigte die Anlage.

Erwähnenswert noch, daß verschiedene Versuchsträger von Porsche-Windkraftmaschinen umfassenden Probeläufen unterzogen wurden. Diese brachten durchweg beachtliche Ergebnisse. Unter anderem war schon vor 1945 ein Versuchsträger in Stuttgart-Hohenheim aufgebaut, der so effizient war, daß er ein mittleres Bauerngehöft mit elektrischer Energie versorgen konnte.

Erst in unseren Tagen, Ende 1983, hat die Idee der Windkraft-Maschine wieder einen realen Hintergrund erfahren. In Deutschland wurde die Anlage »Growian« in Betrieb gesetzt, mit der die Ideen von Porsche zu diesem Thema mit moderner Technik aufgegriffen in die Tat umgesetzt werden.

**Windrad (Typ 137) auf dem Porsche-Gelände (1944) mit 9,2 m Durchmesser**

**Der Windrad-Typ 136 (Hohenheim) leistete als Vierflügler 736 Watt**

Als der Sports Car Club of America (SCCA) Anfang der 70er Jahre beschloß, die Sportwagen-Kategorie auf maximal zwei Liter Hubraum zu begrenzen, mußte der Amerikaner Jack Zimmer seinen Porsche 910 in die Garage stellen. Der Wagen hatte keine Startberechtigung mehr. Grund genug, für Zimmer ernsthaft über die Weiterverwendung nachzudenken und sich recht schnell zu folgendem Entschluß durchzuringen: Den 910 in einen straßentauglichen Sportwagen zu verwandeln.

Zimmer nahm Kontakt auf mit Charles Pelly, einem freischaffenden Automobil-Designer. Pelly baute mehrere Modelle, bis Jack zufrieden war. Zur Ausführung des Modelles in die Originalgröße wurde die Firma Troutman in Kalifornien verpflichtet. Dick Troutman, der sich in seiner Werkstatt an einer ganzen Reihe Porsche-Modelle versucht hat, formte Pellys Ideen in Aluminium. Das Projekt nahm 14 Monate in Anspruch und kostete damals gut 100.000 Mark – nur der Umbau wohlgemerkt. Der mit einer recht eigenwilligen Linie versehene Porsche 910 bekam einen 2-l-Sechszylinder Einspritzmotor, der über 200 PS leistete. Als Spitzengeschwindigkeit wurden über 220 km/h ausgerechnet.

Vom Renn-910 blieb der klassische Rohrrahmen original erhalten, wie er 1967/68 für Rennen gebaut wurde. Auf Felgen der Größen 9,5 x 13 vorne und 13 x 13 hinten wurden Firestone-Reifen der Dimensionen 500/950 x 13 und 600/1300 x 13 montiert. Die Scheibenbremsen waren innenbelüftet und von Dunlop, im Durchmesser 10,5 Zoll. Zwei Aluminium-Tanks nahmen insgesamt 90 Liter Sprit auf. Das Getriebe war ein Original-Porsche-Fünfgang mit Sperrdifferential, hinter dem Motor liegend.

Die Alu-Karosserie bestand aus drei großen Teilstücken: Front, Cockpit und Heck. Das Dach war aus Stahl. Die Scheiben wurden, modifiziert, vom Cadillac übernommen. Die Instrumente stammten aus einem Serien-Porsche 911.

**Seinen Rennporsche Typ 910 ließ Jack Zimmer straßentauglich umbauen.**
**Die futuristische Idee wurde in Alu umgesetzt – Kosten ca. 100000 DM**

Der Rohrrahmen, im Innenraum zu sehen, blieb das tragende Rückgrat



Unter der Karosse blieb die Technik erhalten: Zweiliter-Einspritzer mit 200 PS

# Weissach: Die Denkfabrik

Am Anfang stand der Geländeerwerb auf den Markungen Weissach und Flacht, der zunächst hauptsächlich zum Ausbau von Prüfstrecken gedacht war. Der erste »Spatenstich« erfolgte durch Dr. Ferry Porsche – mit einer schweren Planierraupe – am 16. Oktober 1961.

Ein junges Ingenieur-Team führte die Planung und den Bau des ersten Prüfgelände-Abschnittes durch, der aus einer Kreisfläche mit 200 m Durchmesser bestand. Dieses Skid-Pad war für Fahrwerksuntersuchungen vorgesehen, die seit dem Jahr 1954 in Malmsheim, einem ehemaligen Militärflugplatz, gemacht wurden. 1967 bis 1970 entstanden die Rundstrecken und die für Funktion und Festigkeitsprüfungen notwendigen Straßenanlagen.

Als die Raumnot in Zuffenhausen durch die wachsenden Aufgaben immer größer wurde und der Entschluß reifte, den Entwicklungsbereich einschließlich der Prüfstände nach außerhalb zu verlegen, war es naheliegend, als neuen Standort das ca. 25 Kilomoter entfernte Weissach zu wählen.

Schließlich war für die Gesamtplanung

Versuchsgelände in Weissach: die erste Ausbaustufe
(Luftbild freigegeben vom R.P. N-Württemberg Nr. 2/33737, A. Brugger)

ein Gelände von anfänglich 45 ha im Dreieck Weissach-Flacht-Mönsheim vorhanden, das der Bau- und Planungsabteilung der Firma in Zusammenarbeit mit einem schweizerischen Ingenieur-Büro ideale Voraussetzungen bot.
Bei der Planung der Anlagen wurde davon ausgegangen, daß in diesem Zentrum alle für eine kurzfristige Erstellung und Erprobung eines Prototyps im Versuch notwendigen Einrichtungen möglichst komplett beieinander sein sollten. Die Vielfalt der zu erprobenden Fahrzeuge erforderte bei den Prüfanlagen oft hohe Leistungen, so daß die notwendigen Installationsaufwendungen von Strom, Eigendruck-Wassererzeugung und Raumbelüftungen erheblich waren.
Hinzu kam bei Betrieb mit Rennmotoren das Problem der Schalldämmung, dem besondere Aufmerksamkeit geschenkt wurde, genauso wie die Schwingungs-Isolierung aller großen Maschinen- und Prüfstandsfundamente in Gebäuden.
Die Prototypen-Herstellung verfügt über alle für den Modellbau erforderlichen Holzbearbeitungs-Maschinen, einschließlich einer Oberfräse. In einer Leichtmetall-Gießerei werden Modelle mit Hand oder Maschine abgeformt. Die Kapazität des Drei-Mann-Betriebes beträgt etwa 300 Kilogramm je Tag.
Zur Herstellung von Schmiedeteilen für den Versuch stehen zwei Schmiede-Hämmer zur Verfügung. Eine Härterei ergänzt diese Neben-Betriebe.
Für die Aggregat-Herstellung ist eine mechanische Werkstatt mit Teilekontrolle vorhanden. Neben den konventionellen Werkzeug-Maschinen stehen zwei numerisch gesteuerte Bohrwerke zur Verfügung. Dreh- und Schleif-Maschinen für Kurbel- und Nockenwellen einschließlich der dazu gehörenden Meßmaschine ergänzen den Maschinenpark.
Für die Karosseriefertigung von Prototypen stehen zwei Werkstätten zur Verfügung: Im Karosseriebau sind neben den Blechbearbeitungs-Maschinen auch solche für die Leichtmetallverarbeitung vorhanden. Im Kunststoff-Karosseriebau werden die Leicht-Karossen für Rennfahrzeuge in GFK-Bauweise hergestellt. Diese Werkstatt arbeitet auch schon mal für die Produktion in Zuffenhausen: Hier entstanden u. a. 500 Heckspoiler für den Carrera RS.
Eine im gleichen Gebäude befindliche kombinierte Schleif-, Lackier- und Trockenbox ermöglicht die Lackierung der Fahrzeuge mit Einbrenn-Temperaturen bis 80 Grad Celsius. Eine kleine Fahrzeug-Elektrik- und Sattler-Werkstatt vervollständigen den Karosseriebau.
Im nördlichen Gebäude werden auf einer Fläche von 1400 qm Motoren, Getriebe, Fahrwerk und Karosserie montiert. Zwei Meß-Stationen dienen der Ermittlung der Radstellung, während Motor und Bremsen im Fahrzeug vor der Probefahrt auf einem kombinierten Leistungs- und Bremsen-Rollenprüfstand getestet werden.
Im ersten Prüfstandsgebäude sind zehn Motoren-Prüfstände für Verbrennungsmotoren mit Wasser- oder Luftkühlung eingerichtet. Die Prüfräume sind für den Betrieb von luftgekühlten Motoren bis 500 PS ausgelegt. Um

**Absolut schallneutraler Raum zum Messen der Geräuschabstrahlungen**



**Die hauseigene Gießerei erstellt Teile für Prototypen und Kleinserie**

möglichst unveränderliche Luftverhältnisse zu erreichen, wird den Ansaugeinrichtungen der Motoren über getrennte Kanäle klimatisierte Ansaugluft von 20° Celsius und 60% relativer Feuchte zugeführt.
Zur Auswertung der anfallenden Meßdaten sowie zur schrittweisen Prüfstandssteuerung bei Kennfeldmessungen ist ein zentraler Prozeßrechner direkt angeschlossen.
Für Abgasuntersuchungen an kompletten Fahrzeugen sind vier Prüfboxen mit Rollenständen eingerichtet worden. Die Aufstellung der Rollenstände auf Federn in ihren Fundamentgruben zur Verminderung der Schwingungen im Gebäude hat sich auch hier bewährt.
Im Hause Porsche wurden die vorgeschriebenen Straßenabgas-Dauerlauffahrten über 50.000 Meilen schon Ende 1970 von der Straße auf einen programmgesteuerten Rollenstand verlegt: Vier Rollenprüfstände sind zur Aufrechterhaltung der Wetterbedingungen im Freien aufgestellt worden. Zur Entlastung des Personals und zur Ausschaltung des Fahrereinflusses wird von einer Lochstreifen-Steuerung das Fahrzyklen enthaltende Programm auf eine im eigenen Haus entwickelte Einrichtung zur automatischen Betätigung von Bremse, Gas, Kupplung und Ganghebel gegeben. Die Fahrpedal-Betätigung erfolgt über Stellmotor, alle anderen Bewegungen einschließlich Gangwechsel über entsprechend angesteuerte Pneumatik-Zylinder. Die Einheit läßt sich leicht mit dem Fahrersitz austauschen und ist an den Sitzschienen geführt.
Für Untersuchungen an Heizung, Lüf-

**In einer geschlossenen Halle installierter Schlitten für Crash-Tests**

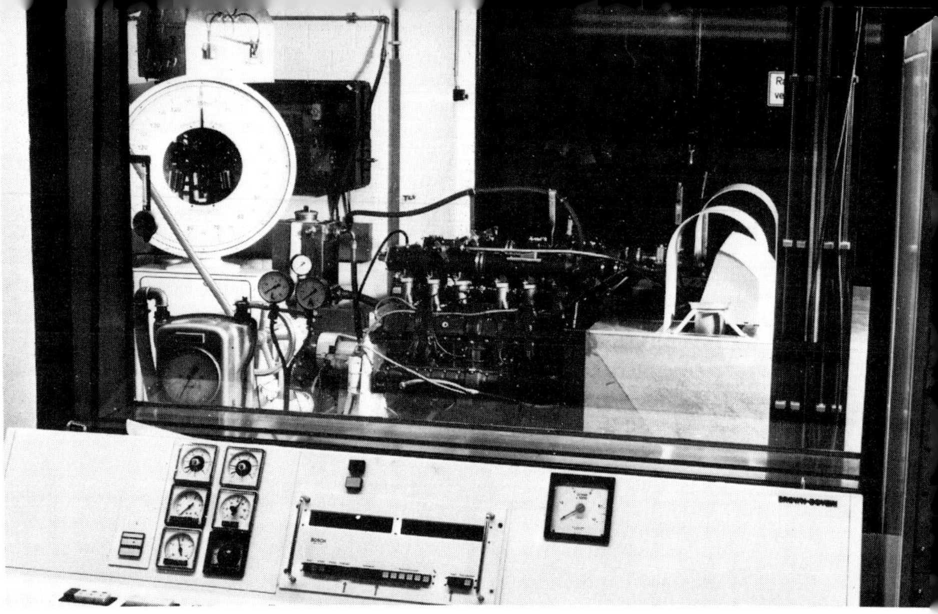

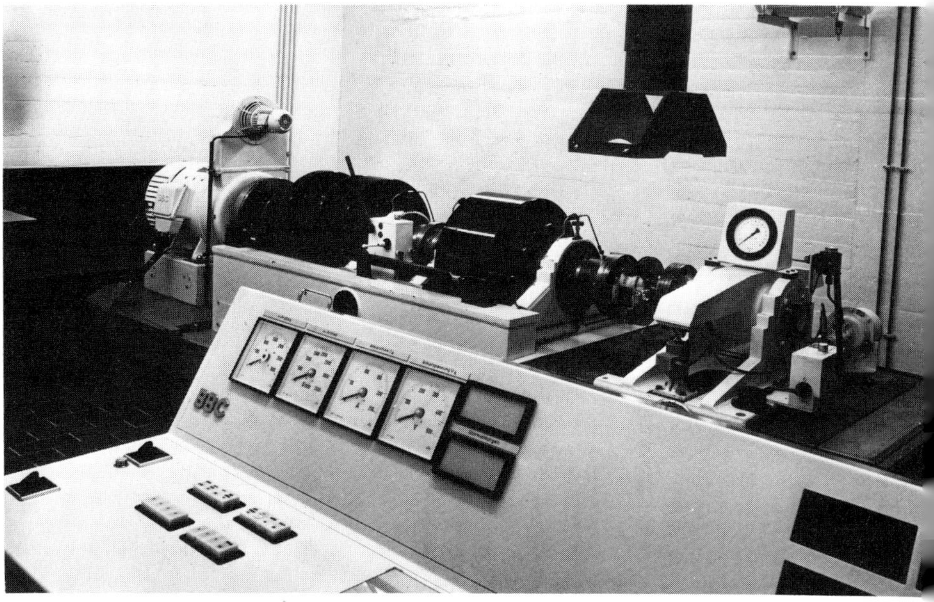

Rechts oben:

**Motorenbremsen in einer schallisolierten Glaskabine (55 bis 1000 PS)**

Mitte:

**Getriebeprüfstände für Standard-Getriebe und Transaxle-Systeme**

Unten:

**Untersuchungsanordnungen für Versuche mit differenten Bremssystemen**

tung und Klimaanlagen in Fahrzeugen steht ein horizontaler, isolierter Stahlkanal zur Verfügung. Hier läßt sich das Fahrzeug im Bereich von minus 40 Grad bis plus 70 Grad Celsius mit einer Windgeschwindigkeit bis 170 km/h anblasen.

Auf einem Trommelprüfstand, mit zwei Meter Durchmesser, ist eine Prüfung von Vorderachs-, Hinterachs- und Allradantrieb möglich. Die Antriebe sind wahlweise auf Vorder- und/oder Hinterachse schaltbar und ermöglichen Fahren bis 400 km/h mit 600 PS!

Auf diesem Prüfstand sind rennmäßige Fahrversuche u. a. für die Entwicklung des 1972 so erfolgreichen CanAm-917-Turbo sogar mit 850 PS und Beschleunigungen über 1 g durchgeführt worden.

Zur gezielten Geräuschbekämpfung an Fahrzeugen und deren Aggregaten wird ein mit einem Trommel-Prüfstand ausgestatteter reflexionsfreier Meßraum verwendet. Der vom Gebäude durch Federn getrennt abgestützte und gegen die Umgebung mit Matten abgedämmte Raum ist innen mit Glasfaser-Würfeln isoliert.

Für Sicherheits-Untersuchungen an Fahrzeugen oder Karosserie-Attrappen steht ein Schlitten zur Verfügung, der über einen Hochdruck-Zylinder rückwärts mit einer Schubkraft bis 120 Mp und Beschleunigung bis 60 g gestoßen werden kann. Der Ablauf des Versuchs kann von Hochgeschwindigkeits-Kameras auf Film festgehalten werden.

**Weissach: mit einer variablen Teststrecke für Asphalt und Gelände**

Über diese Prüfstände hinaus gibt es noch kleinere Aggregat-Prüfstände für Untersuchungen an Bremsanlagen, Fahrwerk- und Aufbau-Schwingungen, Getrieben und Reifen.
Im Werkstoff-Prüflabor laufen die statischen und dynamischen Bauteile- und Dauerprüfungen mit den dazu notwendigen Spezial-Maschinen. Ein modern ausgestattetes Fotolabor und eine Elektronenstrahl-Schweißanlage runden diesen Arbeitsbereich ab.
Geologisch und in der Formation bot das Gelände gute Voraussetzungen für die Anlage einer variablen Strecke für den Versuchs-Betrieb. Diese Voraussetzungen wurden voll ausgenutzt, indem man die einzelnen Strecken so miteinander verknüpfte, daß es zwischen einem Hochgeschwindigkeitsteil und einer Bergstrecke alle Möglichkeiten gibt.
Die Zustandsstrecke verbindet Asphaltpfladen, Schlaglöcher, Waschbrett, belgisches Pflaster, Bahnübergang, Salzwasserdurchfahrt, Querrillen, Sprungschanze und Steilstrecken in idealer Form.
Eingebettet in diese Strecken ist der Kurs für Geländefahrzeuge und das Skid-Pad mit Durchmessern von 40, 60 und 190 Metern. Auf dem größten, äußeren Kreis wird auch der Aquaplaningtest durchgeführt, indem durch Zu- und Abfluß eine Wasserpfütze erzeugt wird und die Spurabweichung beim Durchfahren dieses Wasserlochs gemessen wird.
Der erste Bauabschnitt war Anfang der 70er Jahre bezugsfertig und kostete etwa 80 Millionen Mark. Fast 1000 Angestellte fanden in Weissach Arbeit, teilweise aus Zuffenhausen nach dem Umzug übernommen, teilweise aber auch für die neuen Aufgaben frisch eingestellt.
Rund zehn Jahre später platzt Weissach schon wieder aus allen Nähten. Die Belegschaftszahl nähert sich Ende 1983 den 1800 und die magischen 2000 sind in greifbare Nähe gerückt. Ein neues Umwelt-Meßzentrum und Erweiterungsbauten für neue Aufgaben zwingen zu permanenter Bautätigkeit. Das bekannte Sechseck-Büro bekommt weitere Säulen angesetzt. Die Parkplatzflächen für die Mitarbeiter werden ständig erweitert.
Aus dem Konstruktions- und Denkbüro mit einer überschaubaren Zahl von Angestellten ist in 50 Jahren eine Denkfabrik geworden, deren Arbeit aber nach wie vor auf aller Welt gefragt ist. Einen kleinen Überblick konnten hier vielleicht die vorliegenden Rubriken dieses Buches geben.

# Anhang

## VERSCHIEDENE SONDERTYPEN UND KONSTRUKTIONEN

| | |
|---|---|
| Baker | 914-6-Turbo |
| Bauer | 356-Basis |
| Brendel | 356-Basis |
| Buggy | 356-Technik |
| Corvair | 550-Basis |
| Dragster | Porsche-Motoren |
| Koch | 911-Basis |
| Morse | 924-Cabriolet |
| Racing Classic | 718-Replica |
| Ruthan | 550-Basis |
| Stephani | 356-Basis |
| Tour de France | 904-Basis |

Von den nebenstehend benannten »Sondertypen« waren leider nur unvollständige Unterlagen und Informationen zu erhalten. Sollten Sie, lieber Leser, zu diesen und auch anderen Fahrzeugen, die in das vorgelegte Konzept passen, Material besitzen (auch Adressen), so wenden Sie sich bitte über den Verlag direkt an den Autor Lothar Boschen.

## ARGENTINIEN-COUPÉ

*356-Motor*

Ab Mitte der 50er Jahre wurde auch in Argentinien versucht, mit Hilfe eines Porsche-Triebwerkes ein eigenes sportliches Coupé zu bauen.
Es entstand ein zweisitziges, zweitüriges Coupé, dessen Karosserie aus Kunststoff bestand. Obwohl sich dieser Wagen, ausgerüstet mit einem 1,5-l-Porsche-Vierzylinder, größter Beliebtheit erfreute, kamen aus kosten- und fertigungstechnischen Gründen nur kleine Stückzahlen in Umlauf.

BAKER: Ein Porsche 914-6 mit Turbo (3-l-Motor) für amerikanische Nascar-Rennen



BAUER: Durch Karosserie-Retuschen »nachgearbeiteter« Porsche 356

**BRENDEL: Ein 356 A mit Brendel-Hardtop beim Gaisberg-Rennen 1959**



**BUGGY: Mit Porsche-Fahrwerk und Motor von Porsche-Salzburg/A gebaut**

**CORVAIR: Ein Porsche 550-Spyder, hier mit US-Corvairmotor**



**DRAGSTER: Eines der vielen Beschleunigungsmobile, bestückt mit Porschemotor**

**KOCH: Ein Mittsiebziger 911-Targa mit einem dreisitzigen Frontgestühl**



**MORSE: Ein Voll-Cabriolet auf Basis 924 (auch 944) aus amerikanischer Werkstatt**

**RACING CLASSIC:** Replica-Ausführung des berühmten 718-Spyder mit VW-Technik



**RHUTAN:** Nach eigenen Ideen umgebauter Porsche Spyder »Spezial« in Amerika

STEPHANI: Sonderlackierung und verkleidete Hinterräder: 356 aus der Schweiz



TOUR DE FRANCE: Aufgemöbelter 904 für die Rallye »Tour de France« 1971

# Porsche: Typen-Nummern-Verzeichnis

7 Wanderer: 1,7/1,8 l-Sechszylinder-Limousine
8 Wanderer: Achtzylinder Coupé (Motor 3250 ccm)
9 Wanderer: Typ 7 mit Stromlinien-Karosse; Prototyp
10 Horch: Hintere Schwingachse
12 Zündapp: 5-Zyl.-Radialmotor für Heckeinbau in Limousine; drei Prototypen (VW Käfer-Vorläufer)
16 Roehr: 8-Zyl.-Motor
18 Luftgekühlter Lkw-Motor, 3500 ccm-Radialmotor
19 Dreiachsvariante für Typ 18
20 Teves: Drehstab-Federung/Aufhängung
22 Auto Union: Grand Prix-Wagen – 16 Zylinder, Mittelmotor, 4360 ccm
24 Zündapp: Dreirad-Fahrzeug
27 Mattis-Ford: Limousine
28 Typ 18/19: Überarbeitung
30 Hanomag: Vordere Schwingachse
31 Wanderer: Vordere Schwingachse
32 NSU: 4-Zyl.-Flachmotor, luftgekühlt für Heckeinbau in Limousine; drei Prototypen (VW Käfer-Vorläufer)
36 Roehr: aufgeladener 8-Zyl.-Motor und Chassis
38 Modifikation eines Ottomotors für einen 2-Achs-Lkw
39 Modifikation eines Ottomotors für einen 3-Achs-Lkw
52 Sportwagen: Entwurf auf der Basis Typ 22
56 ERA: Frontachse
57 Zündapp: Motorradmotor
59 Roger Schneider: Vorder-Schwingachse
60 Volkswagen/KdF-Wagen: 22 PS, luftgekühlter Heckmotor, Heckantrieb
61 Volkswagen: schmalere Version des Typ 60
62 Volkswagen: Kübelwagen-Prototyp
64 Sportwagen: Stromlinienform – basierend auf VW 60 (auch Typ 60 K10), drei Prototypen
65 Volkswagen: Fahrschul-Einrichtung
66 Volkswagen: Rechtslenkung
67 Volkswagen: Invaliden-Fahrzeug
68 Volkswagen: Lieferwagen »Reichspost«
70 Flugzeugmotor: 32 Zylinder
72 Flugzeugmotor: 16 Zylinder
76 Laborgerät
78 Flugzeugmotor: Schiebersteuerung
80 Daimler Benz: Weltrekordwagen, drei Achsen, 2200 PS, bis 600 km/h
81 Volkswagen: Kastenwagen-Fgst: (Aufbau 286)
82 Volkswagen: Kübelwagen, 1130 ccm, Einachsantrieb, Sperrdifferential
83 Volkswagen: Kraftübertragung System »Kreis«
84 Volkswagen: Kraftübertragung System »Dr. Hering«
85 Volkswagen: Allradantriebs-Studie
86 Volkswagen: Kübelwagen mit Vierradantrieb (Studie)
87 Volkswagen: Vierradantrieb für Kommandeurwagen (Typ 82)
88 Volkswagen: Modifizierter Bus auf Kübelwagen-Chassis

89 Volkswagen: Automatik-Getriebe System »Beier« (Studie)
92 Volkswagen: Geländeversion des Typ 82
93 Begrenztes Schlupf-Differential
94 Daimler Benz: Rennmotor
95 Bus-Aufhängung/Fahrwerk
96 Hydraulische Kraftübertragung
97 Daimler Benz: Schwer-Lkw
98 Volkswagen: Schwimmwagen (Typ 128) mit Typ 62-CL-Aufbau
99 Studie zu Typ 91 und Typ 95
100 Leopard-Tank mit 7,5 cm Kanone, zwei luftgekühlte V 10-Motoren (10 l Hubraum) und Elektrik-Getriebe
101 Tiger-Tank mit 15-l-Zweimotor und Elektrik-Getriebe im Mixbetrieb
102 Tiger-Tank mit Voith-Elektrik-Getriebe
103 Tiger-Tank mit Voith-Hydraulik-Getriebe
106 Volkswagen: Versuchs-Kraftübertragung PIM (Typ 60)
107 Volkswagen: Aufgeladener Motor
108 Daimler Benz: Doppel-Kompressormotor
109 Zwei Motorradmotoren
110 Klein Traktor »Volkspflug«
111 Traktor mit 2 Zyl.-Motor
112 Verbesserte Ausführung des Typ 111
113 Traktor mit 15-PS-2 Zyl.-Reihenmotor
114 Sportwagen: Studie mit 1,5-l-Motor (72 PS), V 10-Zweinockenwellenmotor
115 Volkswagen: VW-Motor mit Kompressor, obenliegenden Nockenwellen und hemisphärischen Brennräumen (Basis: 1,1-l)
116 Volkswagen: Studie eines Rennwagens auf Basis Typ 114
120 Volkswagen: Motor als Notstrom-Aggregat (RLM)
121 Volkswagen: Stationärer VW-Motor (HWA)
122 Volkswagen: Stationärer VW-Motor mit Batterie-Zündung (RP)
124 Kübelwagen: Modifiziert für Schienenbetrieb
125 Studie für einen Wind-Dynamo
126 Volkswagen: Vollsynchronisierte Kraftübertragung
128 Volkswagen: Schwimmwagen (Typ 87), 1. Version
129 Volkswagen: Kurz-Chassis-Version des Typ 128
133 Vergaser, selbstansaugend
135 Wind-Dynamo mit 130 Watt
136 Wind-Dynamo mit 736 Watt
137 Wind-Dynamo mit 4550 Watt
138 Volkswagen: Schwimmwagen (Typ 87), 2. Version
139 Volkswagen: Schwimmwagen, 2. Version (Typ 138 S), ohne Mittelrahmen
151 Volkswagen: Kraftübertragung System »Plus«
152 Volkswagen: Kraftübertragung System »Stieber«
153 Skoda: Ostradschlepper, luftgekühlter 6 Zyl.-Motor
155 Typ 82: Ausführung Halbketten-Fahrzeug
156 Typ 166: Ausführung mit Schienen-Laufwerk
157 Typ 82/Typ 87: Ausführung mit Schienen-Laufwerk
158 Holzgas-Generator
160 Volkswagen: Selbsttragender Aufbau (Untersuchung)
162 Volkswagen: Kübelwagen mit selbsttragendem Aufbau
164 Gelände-Lkw mit sechs Rädern und zwei Motoren
166 Volkswagen: Schwimmwagen (Serie)
170 Sturmbootmotor: Basis VW-Motor mit 40 PS (Modell 1)
171 Sturmbootmotor (Modell 2)
174 Sturmbootmotor (Normal-Ausführung)
175 Ostrad-Schlepper: Militärzugmaschine mit Stahlrädern
177 Typ 82/Typ 87: Fünfgang-Getriebe
179 Volkswagen: Einspritzanlage für VW-Motor
180 Tiger-Tank mit Otto-Elektrik-Getriebe
181 Typ 100: Hydraulik-Getriebe
182 Volkswagen: Kübelwagen (Serie)
187 Typ 182: Vierradantrieb
198 Panzeranwerfgetriebe für Typ 82
200 Dieselmotor, 10-l-Hubraum, luftgekühlt
205 »Maus«-Tank mit 15 cm-Kanone, 1080 PS, 44,5-l-Diesel, Elek.-Getriebe
209 Daimler Benz: 44,5-l-Dieselmotor, V 12, luftgekühlt
212 16 Zyl.-Diesel, luftgekühlt, Basis für den Typ 205
220 V 16-Diesel, luftgekühlt, aufgeladen, 36,8 Liter
225 Volkswagen: elektr. Kraftübertragung von Brown, Boverie & Cie.

230 Volkswagen: Holzgas-Generator
231 Volkswagen: Acetylen-Gemisch
235 Volkswagen: Elektrik-Getriebe
236 Volkswagen: Gitter für den Gebrauch des Typ 230
238 Volkswagen: Seilzuggerät
239 Typ 82: Holzgas-Generator
240 Volkswagen: Propangas-Betrieb des VW-Motors
245 18-t-Mehrzweck-Panzer (Zeichnungen, Modelle)
247 Flugzeugmotor: Basis VW-Motor
250 Turmloser Panzer mit 10,5 cm-Geschütz
252 Volkswagen: Kraftübertragung System »PIV«
261 Heizung für Panther-Tank
276 Typ 82: Protzhaken
283 Typ 82: Ausführung für Holzgas-Generator
285 Wasserturbine mit 3,5 PS
287 Kommandeurwagen auf Vierradantrieb-Chassis
288 Wasserturbine mit 13 PS
289 Wasserturbine mit 15 PS
291 Windtunnel mit 600 mm
292 Windtunnel mit 300 mm
293 Raupenschlepper (Rad- und schienentauglich)
294 Ski-Bindung
298 Radio-Empfänger für Volkswagen
307 Schwerstoff-Vergaser
309 Zweitakt-Dieselmotor für Volkswagen oder/und Traktor
312 Traktor mit Benzinmotor
313 Typ 312 mit 17 PS luftgekühltem Dieselmotor
315 Skitau für VW-Motor
323 Traktor mit 11 PS Dieselmotor
328 Traktor mit 28 PS
335 Winde
336 Spillseilwinde
339 Transportriemem
340 2rädriger Handkarren
352 von Senger: Limousine (Studie)
355 Volkswagen: Lieferwagen auf Typ 81/83
356 *Porsche-Sportwagen:* Mittelmotor-Roadster, Serie 356, A, B, C von 1947 bis 1964 gebaut
360 Cisitalia: 12 Zyl.-Flachmotor, luftgekühlt, aufgeladen, 1,5 Liter, zuschaltbarer Vierradantrieb
361 Typ 360: Einzylinder-Testmotor
362 Typ 360: Zweiliter-Saugmotor
369 Porsche: 1,1-l-Motor
370 Cisitalia: 1,5-l-Sportwagen (Studie)
372 Cisitalia: 2-l-Sportwagen, luftgekühlt, 100 PS, V 8-Motor, Fünfgang-Getriebe, Fünfsitzer (Studie)
383 Porsche: Synchronisierung für VW-Getriebe (»Schmid«)
384 Porsche: Alternative zu 383
385 Cisitalia: Wasserturbine
425 20 PS-Dieseltraktor
502 Porsche: 1,5 Liter, Hirth-Kurbelwelle, 55 PS
506 Porsche: 1,3 Liter (506/0 = 1286 ccm und 506/1 = 1290 ccm sowie 506/2 = dreiteiliges Kurbelgehäuse)
509 Porsche: 1,3 Liter-Prototyp (aus Serie 506?)
514 Porsche: Werks-Rennwagen für 24 h LeMans 1951
519 Porsche: Synchronisiertes Viergang-Getriebe (aus dem VW-Getriebe)
522 Porsche: Federbein-Vorderachse in der Kombination aus VW-Armen und McPherson-Federbein. Versuchswagen bekannt als »Storch«
524 Porsche: 1,3 Liter mit Bosch-Einspritzung
527 Porsche: 1,5 Liter für LeMans (später Serie)
528 Porsche: 1,5 Liter, als 528/1 mit zweigeteiltem Kurbelgehäuse und 528/2 mit dreigeteiltem Kurbelgehäuse
530 Porsche: Viersitzer-Modell mit 2400 mm Radstand
531 Porsche: 1,3 Liter mit neuer Nockenwelle
532 Porsche: Einfach-Vergaser für Typ 369
533 Porsche: 1,1 Liter Rennmotor
534 Volkswagen: Klein-Sportwagen
539 Porsche: 1,5 Liter
540 Porsche: America Roadster
541 Porsche: Spezial-Sportversion des Typ 356
542 Studebaker: luft- und wassergekühlter V 6-Motor
543 Porsche: 1,5 Liter Industriemotor
544 Porsche: 1,5 Liter Industriemotor
546 Porsche: Gleitlager-Version des Typ 527 (1500N), als 546/2 mit dreigeteiltem Kurbelgehäuse

547 Porsche: Viernockenwellenmotor mit 1,5 Liter (547/1) in der Serie. Typ 718 und 718/2 (547/2), jeweils 1,5 Liter; 1,6 Liter Rennmotor für Typ 718 (547/4); 1,7 Liter Rennmotor für 718 (547/5)
550 Porsche: Spyder, zweisitziger Rennsportwagen. A mit Gitterrohrrahmen
555 Volkswagen: Prototypen
557 Porsche: 1,5 Liter für USA
559 Porsche: Kraftübertragung (Studie)
568 Porsche: Abgaskühlung (»Fletcher«)
574 Porsche: Elektr. Kupplung für Typ 356
575 Porsche: Abstützbügel (Serie)
577 Porsche: Scheibenbremsen für Typ 356 (Dunlop)
587 Porsche: 2 Liter-Version des Typ 547
588 Porsche: Kraftübertragung für Typ 587
589 Porsche: 1,3 Liter S-Motor für Typ 356 mit zweiteiligem Kurbelgehäuse;
589/2: dreiteiliges Kurbelgehäuse
592 Porsche: 2 Liter (?)
593 Porsche: Viergang-Getriebe (?)
596 Porsche: Zweizylinder-Industriemotor
597 Porsche: Jagdwagen mit Allradantrieb (1,5 Liter)
606 Volkswagen: 1,5 Liter Unterflurmotor
616 Porsche: 1,6 Liter für Typ 356 A – 616/2 mit 1,6 Liter (1600S) – 616/3 für 1,6 Liter Industriemotor – 616/7 für 90 PS (356 B) – 616/12 für 616/2 mit Grauguß-Zylinder für 356 B – 616/15 für 1,6 Liter des Typ 356 C (1600 C) – 616/16 für 1,6 Liter (16oo SC) – 616/36 für 1,6 Liter Porsche 912 – 616/39 für 912-Motor mit US-Abgasentgiftung
619 Volkswagen: Dieselmotor-Studien
621 Porsche: 1 Zylinder Traktor (Allgaier)
622 Porsche: 2 Zylinder Traktor
623 Porsche: 3 Zylinder Traktor
624 Porsche: 4 Zylinder Traktor
627 Volkswagen: Pendelachse mit Strebenlage am Rahmen
628 Volkswagen: Frischluft-Heizung
631 Porsche: Dieselmotor (Studien)
632 Porsche: Entwicklungsstudien zum Typ 356
633 Studebaker: Limousine
638 Volkswagen: Studie für V 6-Motor mit 1,2 und 1,6 Liter
643 Porsche: Viergang-Getriebe für Typ 356
644 Porsche: Modifikationen vom 356- zum 356-A-Chassis, mit Tunnelgetriebe
645 Porsche: Spyder, Prototyp »Micky Mouse« unter R. v. Frankenberg
654 Motorboot-Studie
655 Porsche: 50 ccm-Mopedmotor
672 Volkswagen: Kleinwagen mit Unterflurmotor (Studie)
673 Volkswagen: 6 Zyl.-Unterflurmotor mit 1,2 und 1,6 Liter
675 Volkswagen: Kleinwagen
678 Flugmotoren: 678/1 für 65 PS mit Untersetzungs-Getriebe – 678/3 für 53 PS mit Direktantrieb – 678/4 für 75 PS mit Untersetzungsgetriebe
690 Porsche: Fünfgang-Getriebe für RSK 718 (Rennausführung des 644-Tunnel-Getriebes)
691 Porsche: Spyder für 1956 (55o RS)
692 Porsche: Viernockenwellenmotor in überarbeiteter Ausführung. 692/0: 1,5 Liter mit Rollenlager-Kurbelwelle – 692/1 für Gleitlager-Kurbelwelle – 692/2 für Carrera-Serie – 692/3 für Sportversion des 692/2 und als 692/3A mit Nockenwellen-Ausgleichs-Gewichten
693 Porsche: 1,3 Liter basierend auf Typ 547
694 Porsche: Geländeversion als Studie zum Typ 597
695 Porsche: Vorentwicklung (T 7) zum Porsche 911
700 Volkswagen: Großraumwagen (Studie)
702 Einmann-Helikopter mit 678/3-Motor
703 Porsche: 1,6 Liter-Versuche
704 Porsche: Dieselmotor
709 Porsche: Getriebestudien
710 Porsche: Getriebe für Typ 356 mit verbesserter Synchronisierung
715 Porsche: Prüfstands-Getriebe
716 Porsche: Ring-Synchronisierung
718 Porsche: Spyder RSK mit Mittelmotor, 718/2 für 1,5-l-Rennwagen
719 Porsche: Rennmotor mit Einspritzung, Nachfolger der RSK-Vergasermotors
722 Porsche: Flachmotor für Unterflur-Montage(VW Typ 3?)
724 Volkswagen: 1,4 Liter, Flachmotor
726 Volkswagen: Karosserien auf VW-Fahrgestell
728 Volkswagen: Weiterentwicklung Typ 675

729 Bootsmotor, abgeleitet vom Typ 616
737 Porsche-Außenbordmotor
741 Porsche: Viergang-Getriebe für 356 B; 741/A für 356 B und C
742 Porsche: Vierradantriebsstudien
745 Porsche: 6 Zyl.-Versuchsmotor, der 2-l-Prototyp steht im Museum
751 Volkswagen: Getriebe mit automatischer Kupplung
752 Volkswagen: Flachmotor mit 1000 ccm
753 Porsche: 1,5 Liter, Achtzylinder, für Formel 1
756 Karosserie und Chassis für die Sonderserie (20 Stück) Carrera Abarth
759 Porsche: Viergang-Getriebe (»Wende-Getriebe«)
763 Konstruktion für Seriensitz
764 Volkswagen: Sechssitzige Limousine
768 Porsche: 1,6 Liter mit Einspritzung
769 Porsche: Differential
771 Porsche: 2- und 2,2 Liter, Varianten des Typ 753
775 Porsche: Sechsgang-Getriebe für Diesel
787 Porsche: Formel 1-Chassis
792 Innenliegender Bootsmotor
798 Porsche: Chassis und Getriebe für »LeMans GT« (2000 GS/GT-Dreikantschaber)
801 Porsche: 1,6 bis 1,8 Liter Boxermotor (4 Zylinder)
802 Vierzylinder-Einspritzmotor (May?)
804 Porsche: Formel 1, endgültige Version für Typ 753-Motor
806 Leopard-Panzer
814 Leopard-Panzer
820 Volkswagen: VW-Getriebe mit Porsche-Synchronisierung
821 Porsche: Motor für den Typ 901 (911)
822 Porsche: Getriebe für den 771-Motor (5/6-Gang)
901 *Porsche-Sportwagen:* verkauft als »911« (T 8)
/00: Fünfgang-Getriebe für 911
/01: 130 PS-Motor
/02: 160 PS-Motor
/03: 110 PS-Motor
/05: 901/01 mit Weber-Vergaser
/06: 901/05 mit verbessertem Ventileinstell-Mechanismus
/07: 901/06 vorbereitet für Sportomatic
/08: 901/02 vorbereitet für Sportomatic
/09: Einspritzmotor für 911 E
/10: Einspritzmotor für 911 S
/13: 901/03 vorbereitet für Sportomatic
/14: 901/06 (130 PS) für Amerika
/17: 901/14 vorbereitet für Sportomtic
/20: 210 PS-Motor für Typ 906
/21: 901/20 als Einspritzer für Typ 906 und Typ 910/6
/22: 210 PS-Motor für 911 R
/30: 150 PS-Motor für 911 L-Rallye
902 Porsche: Viergang-Getriebe für 911/912
/01: Viergang-Getriebe für 912
:02: Fünfgang-Getriebe für 912
/1: Fünfgang-Getriebe für 912/911
903 Automatik-Kupplung für Sportwagen
904 Porsche: GT-Mittelmotor-Coupé mit 592-Motor
/6: 6 Zylinder
/8: 8 Zylinder
905 Porsche: Viergang-Sportomatic-Getriebe
/01: Viergang-Sportomatic-Getriebe (neu)
/13: Viergang-Sportomatic, dto. /20, /21
906 Porsche: Wettbewerbswagen, entwickelt aus dem Typ 904
/8: 8 Zylinder
/E: Einspritzmotor
907 Porsche: Renncoupé mit Rechtslenkung, entwickelt aus dem Typ 910, mit 901-und 771-Motor
/L: 907-Langheck
908 Porsche: Spyder, entwickelt aus dem Typ 907 und 8 Zyl.-Motor
/01: Coupé mit Langheck
/02: offener Spyder
/03: Spyder mit geänderter Sitzposition, entwickelt aus dem Typ 909
/K: Kurzheck-Coupé
/L: Langheck-Coupé
909 Porsche: Bergrennwagen mit 2 Liter
910 Porsche: Rennsport-Coupé, entwickelt aus dem Typ 906
/6: mit 901/2.0-Motor
/8: mit 2,2 Liter 8 Zylinder
/8 B: Leichtversion des 910/B (Bergwagen)
911 Externe Bezeichnung des Typ 901
/00: Viergang-Getriebe für 911 T
/01: 2,2 Liter für 911 E
/02: 180 PS-Motor für 911 S

/03: 130 PS-Motor für 911 T
/04: 911/01-Motor vorbereitet für Sportomatic
/06: 911/03-Motor, dto.
/07: 2,2 Liter für 911 T-USA
/08: 911/07 vorbereitet für Sportomatic
/20: Rennmotor mit 2247 ccm für 911 S
/21: Rennmotor mit 2381 ccm für 911 S
/22: 911/20 in Vergaserausführung
/41: 2,7 Liter für 911
/42: 2,7 Liter für 911 S
/43: 2,7 Liter für 911-USA
/44: 2,7 Liter für 911-Kalifornien
/46: 911/41 vorbereitet für Sportomatic
/47: 911/42, dto.
/48: 911/43, dto.
/49: 911/44, dto.
/51: 2,4 Liter für 911-USA
/52: 2,4 Liter für 911-E
/53: 2,4 Liter für 911-S
/57: 2,4 Liter für 911-T
/61: 911/51 vorbereitet für Sportomatic
/62: 911/52, dto.
/63: 911/53, dto.
/67: 911/57, dto.
/70: Rennmotor mit 2494 ccm für 911 S
/72: Rennmotor mit 2,8 Liter für 911 S/ Carrera RSR
/73: Rennmotor mit 2466 ccm für 911 S
/74: Rennmotor mit 3,0 Liter für Carrera RSR
/75: 911/74 mit geändertem Vergaser
/76: Turbomotor mit 2,1 Liter für Carrera RSR
/77: Motor mit 3,0 Liter für Carrera RS
/81: 2,7 Liter für 911
/82: 2,7 Liter für 911 S-USA
/83: 2,7 Liter für Carrera RS
/84: 2,7 Liter für 911 S-Kalifornien
/86: 911/81 vorbereitet für Sportomatic
/89: 2,7 Liter USA-Motor mit Sportomatic
/91: 2,4 Liter mit K-Jetronic (911 T-USA)
/92: 2,7 Liter für 911 mit K-Jetronic
/93: 2,7 Liter für 911 S
/96: 911/91 Sportomatic
/97: 911/92 Sportomatic
/98: 911/93 Sportomatic

911 E: Einspritzmodell
L: Ausführung für USA
R: Leichtbau-Wettbewerbsausführung
S: Hochleistungsversion des 911 Basis
T: Sparausführung des 911

912 Porsche: 4 Zyl.-Version des 911, mit Motor 616, aber auch Typennummer für den 4,5 Liter 12 Zylinder-Rennmotor des Typ 917
E: Einspritzversion des 912 für USA

914 Mittelmotor-Sportwagen (Zweisitzer)
/6: 2,0 Liter, Typ 901
/8: 3,0 Liter, Typ 908
/11: Fünfgang-Getriebe für 914/914/6
/12: Fünfgang-Getriebe für 914

915 Porsche: verstärktes Vier-/Fünfgang-Getriebe für 911
/06: Fünfgang-Getriebe für 911/911 S und Carrera

916 Porsche: Rennversion des Typ 901 (2 OHC), aber auch Typennummer für Fünfgang-Getriebe für 908/01 und 908/02

917 Porsche: Renn-Coupé mit 4,5 Liter, 12 Zylinder (Typ 912)
/10: Spyder
/20: Kurzversion mit Sera-Karosserie (»Sau«)
/30: 917/10 in stärkerer Ausführung
/K: Kurzheck
/L: Langheck
/PA: Spyder für die CanAm-Serie in USA

920 Porsche: Vier-/Fünfgang-Getriebe für Typ 917

923 Porsche: 2,0 Liter für 912 E

924 Volkswagen (Porsche): Sportwagen, anfänglich entwickelt für Volkswagen unter der Nummer EA 425 und von Porsche zurückgekauft

925 Porsche: Viergang-Sportomatic für 911 T/E
/09: Dreigang-Sportomatic für 911

928 Porsche: Sportwagen mit V 8-Motor, 4,5 Liter
S: Hubraum- und leistungsgesteuerte 928-Version

930 Porsche: turboaufgeladene Version des 911

931 Porsche: 924 mit Motoraufladung (Motor 047)

932 Porsche: 924 Turbo mit Rechtslenkung

934 Porsche: Gruppe 4-Rennversion des Typ 930

935 Porsche: Gruppe 5-Rennversion des Typ 930

936 Porsche: Gruppe 6-Sportwagen mit 2,1 Liter Turbo
937 Porsche: 924 Carrera GT
/50: Getriebe für 939
938 Porsche: 924 Carrera GT (Rechtslenker)
939 Porsche: 924 Carrera GT »LeMans«
944 Porsche: Serien-Sportwagen mit 2,5 Liter, 4 Zylinder
945 Porsche: 944-Rechtslenker
956 Porsche: Gruppe C-Sportwagen mit 2,65 Liter Turbo
959 Porsche: Gruppe B-Sportwagen ab 1985
960 Experimentalauto auf der Basis des 928
995 Zukunftsauto für die 90er Jahre (Studie)
1764 Volkswagen: Fahrzeug und Motor
1778 Volkswagen: 1,3 Liter
1817 Volkswagen: Bus mit Dieselmotor (Studie)
1821 Volkswagen: Sportomatic-Getriebe für Typ 1 (VW)
1834 Volkswagen: Fahrzeug mit 1,3 Liter
1837 Volkswagen: 2,5 Liter und Getriebe für Typ 1764
1866 Volkswagen: Käfer-Nachfolger
1872 Volkswagen: Variante zu Typ 1866 (Studie)
1906 Leopard-Panzer
1966 Volkswagen: Kleinwagen mit 4 Zyl.-Unterflurmotor (Prototypen)
2539 Rettungswagen »Save« (Forschungs-Projekt)
2567 Feuerwehrsystem Orbit (Forschungs-Projekt)